大学计算机基础实训指导

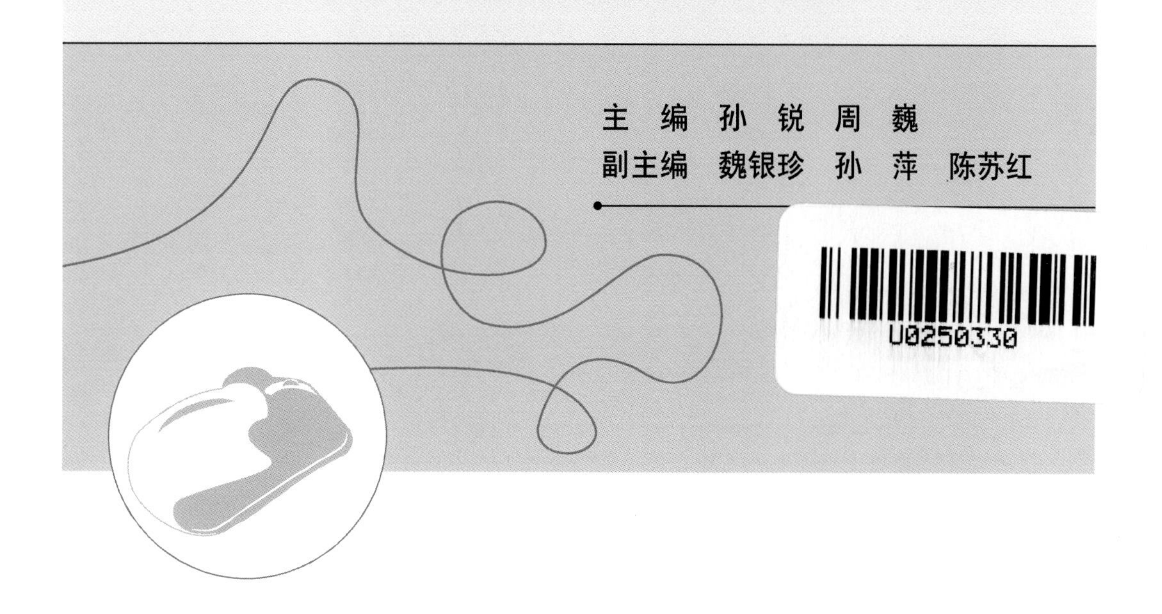

主　编　孙　锐　周　巍
副主编　魏银珍　孙　萍　陈苏红

U0250330

WUHAN UNIVERSITY PRESS
武汉大学出版社

图书在版编目(CIP)数据

大学计算机基础实训指导/孙锐,周巍主编;魏银珍,孙萍,陈苏红副主编.—武汉:武汉大学出版社,2012.8(2015.7 重印)
ISBN 978-7-307-10073-2

Ⅰ.①大… Ⅱ.①孙… ②周… ③魏… ④孙… ⑤陈… Ⅲ.电子计算机—高等学校—教学参考资料 Ⅳ.①TP3

中国版本图书馆 CIP 数据核字(2012)第 187001 号

责任编辑:任仕元　　责任校对:刘　欣　　版式设计:马　佳

出版发行:**武汉大学出版社**　(430072　武昌　珞珈山)
(电子邮件:cbs22@whu.edu.cn　网址:www.wdp.com.cn)
印刷:虎彩印艺股份有限公司
开本:787×1092　1/16　印张:12　字数:282 千字　插页:1
版次:2012 年 8 月第 1 版　2015 年 7 月第 3 次印刷
ISBN 978-7-307-10073-2/TP·445　定价:23.00 元

版权所有,不得翻印;凡购我社的图书,如有质量问题,请与当地图书销售部门联系调换。

前 言

随着高等学校计算机教学改革的推进，教育部日前提出了建设以“计算思维”为核心的人才培养体系。国际上广泛认同的计算思维定义来自周以真(Jeannette Wing)教授。周教授认为，计算思维是运用计算机科学的基础概念进行问题求解、系统设计以及人类行为理解的涵盖计算机科学之广度的一系列思维活动。本书以计算思维为核心，着重培养学生的创新实践能力，并与《大学计算机基础教程》配套使用。

本书以任务驱动的方式展开实训环节的设计，将《大学计算机基础教程》相关知识点分配到各个任务中，以提高学生的学习兴趣；习题部分则包括与教材配套的选择题、填空题及参考答案。本书具有以下特点：

(1)任务驱动。在强烈的问题动机的驱动下，学生通过对学习资源的积极主动应用，进行自主探索学习，在完成既定任务的同时，积极参与实践活动，有利于计算思维的培养。

(2)分层递进。鉴于学生对计算机的认识和应用水平参差不齐，各章节的实训任务按照“模仿-应用-设计”的模式在难度上逐层递进，以保证不同水平的学生都有收获。

(3)突出实用。书中的实训任务，大多来自企事业单位的日常工作，具有较强的实用性和通用性。

(4)注重创新。创新是计算机教学的生命力所在，与其他教材不同，本书的的实训部分没有给出具体的操作步骤，而是鼓励学生大胆尝试，力求以最优方案完成任务。

本书由孙锐、周巍主编并负责全书的审阅，魏银珍、孙萍、陈苏红任副主编。其中，孙锐编写第1、2章；陈苏红编写第3章；孙萍编写第4、7章；魏银珍编写第5、6章；周巍编写第8、9章。

在本书的编写过程中，我们借鉴了同行的有益经验，并得到了领导和同事的大力支持，在此一并表示感谢。

由于编者水平有限，加之时间仓促，书中难免存在疏漏之处，恳请读者批评指正。

编 者

2012年6月

目　录

第 1 章　计算机基础知识

实训一　打 字 练 习

一、实训目的

(1)掌握计算机系统的启动与关闭。
(2)熟悉键盘的组成、基本操作及键位。
(3)熟练掌握英文大小写、数字、标点的用法及输入。
(4)掌握打字要领，通过指法练习，逐步进入盲打状态。
(5)熟悉输入法选用及切换，熟练掌握一种汉字输入法。
(6)掌握鼠标的使用，了解软键盘的使用方法。

二、实训任务

(1)正确开机、关机。
(2)键盘的认识及指法的正确把握。
(3)英文打字练习。
(4)汉字输入练习。

三、实训内容

(1)用金山打字 2006 进行中英文打字练习。

(2)用智能 ABC 输入法和五笔字型输入法，在“记事本”中输入词组“最后”、“平安”、“破案”、“迟缓”。

(3)用“智能 ABC 输入法”造新词“大学计算机基础实验”。

(4)使用快速输入法输入“壹拾伍万陆仟柒佰叁拾捌元”。

(5)打开 Windows XP“记事本”，用最快的速度录入一段文字，并保存在 E 盘，文件名为“Typed”，文件类型为“文本文档”。

(6)特殊字符输入练习。

(7)练习鼠标的使用。

四、操作提示

(一)预备知识

1. 启动与关闭计算机

(1)启动计算机。

① 冷启动。冷启动计算机的顺序是先开显示器，后开主机。打开计算机的电源后，计算机先进行自检，并在屏幕上显示自检的结果。若计算机没有故障，则启动操作系统。

② 热启动。热启动是按下 Ctrl+Alt+Delete(Del)三个键，在弹出的“Windows XP 任务管理器”对话框中单击“关机”|“重新启动”命令。

③ Reset 启动

若热启动无效，按一下主机箱面板上的“Reset”按钮，则重新启动计算机系统。

(2)关闭计算机。

关闭计算机的顺序是先关主机，后关显示器。

关机操作：单击任务栏的“开始”|“关闭计算机”命令，在弹出的“关闭计算机”对话框中单击“关闭”按钮，计算机会自动关闭主机的电源。如图 1.1 所示。

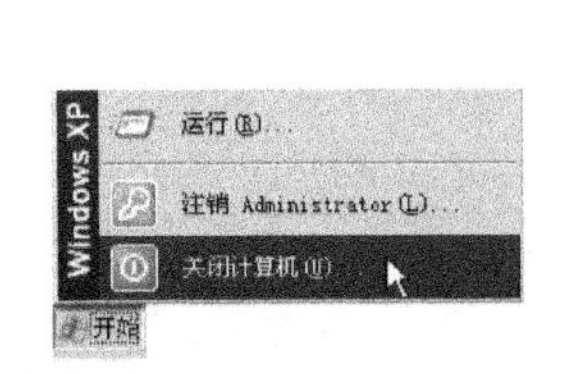

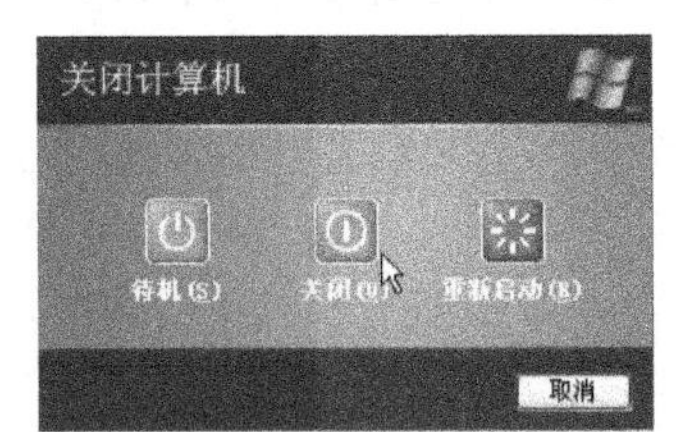

图 1.1　关闭计算机

2. 键盘布局和常用键

计算机键盘分为：主键盘区、功能键区、数字小键盘区(辅助键区)、编辑键区、状态指示区。键盘布局如图 1.2 所示。常用键的作用见表 1.1。

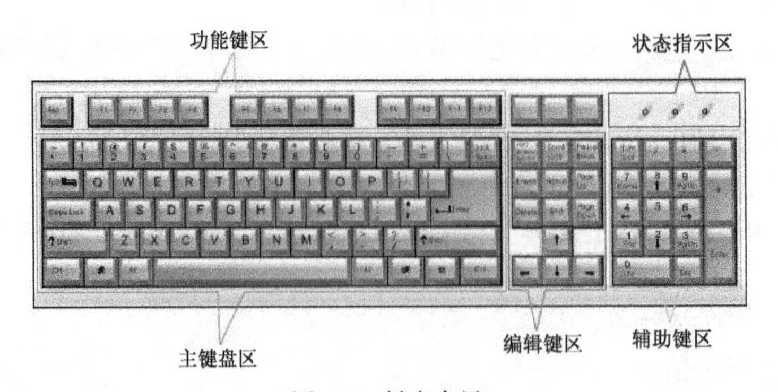

图 1.2　键盘布局

表 1.1　　**常用键的作用**

按　键	名　称	作　　用
Space	空格键	按一下产生一个空格
Backspace	退格键	删除光标左边的字符
Shift	换档键	同时按下 Shift 和具有上下档字符的键，上档符起作用
Ctrl	控制键	与其他键组合成特殊的控制键
Alt	控制键	与其他键组合成特殊的控制键
Tab	制表键	按一次，光标向右移至下一个制表位置
CapsLock	大/小写转换键	CapsLock 灯亮为大写状态，否则为小写状态
Enter	回车键	命令确认，且光标到下一行
Ins(Insert)	插入/覆盖转换键	插入状态是在光标左面插入字符，否则覆盖当前字符
Del(Delete)	删除键	删除光标右边的字符
PgUp(PageUp)	向上翻页键	光标定位到上一页
PgDn(PageDoWn)	向下翻页键	光标定位到下一页
NumLock	数字锁定转换键	NumLock 灯亮时小键盘数字键起作用，否则下档的光标定位键起作用
Esc	取消键	可取消当前命令行的输入，等待新命令的输入；或中断当前正执行的程序
F1～F12	功能键	不同的软件对功能键有不同的功能定义，F1 一般定义为帮助

3. *汉字输入法的选择及切换*

在 Windows XP 中，可以通过鼠标和键盘两种操作实现输入法的选择和状态的切换，具体方法见表 1.2。

表 1.2　　**输入法切换方法**

功能 操作	中、英文输入法直接切换	各种汉字输入法及英文输入法间的切换	全角●与半角◗之间的切换	中、英文标点符号间的切换
鼠标操作	单击任务栏上的⌨按钮	单击任务栏上的⌨按钮	单击输入法状态框上的全角/半角按钮●	单击输入法状态框上的··按钮
键盘操作	Ctrl+空格键	Ctrl+Shift	Shift+空格键	Ctrl+句号键

选定中文输入法以后，屏幕左下角会出现中文输入法状态框，图 1.3 是“智能 ABC 输入法”状态框。

输入法切换
中／英文标点切换
中／英文切换
标准
软键盘按钮
全／半角切换

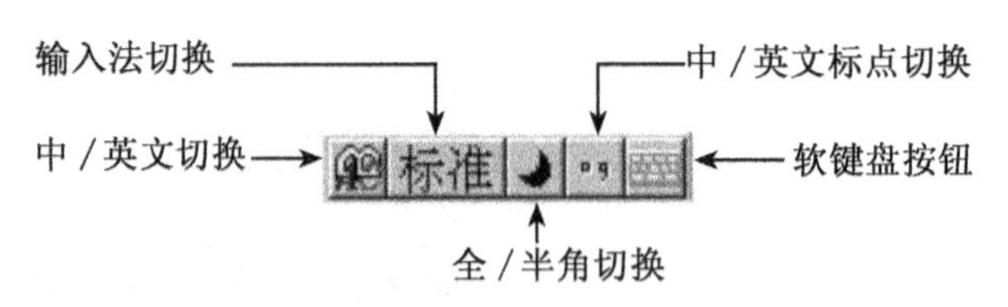

图 1.3 “智能 ABC 输入法”状态框

4. 软键盘的使用

(1)打开软键盘。

鼠标左键单击输入法状态框上的软键盘按钮，可以打开软键盘，如图 1.4 所示。

(2)软键盘的分布目录。

鼠标右键单击输入法状态框上的软键盘按钮，弹出 13 种键盘分布目录，如图 1.5 所示。

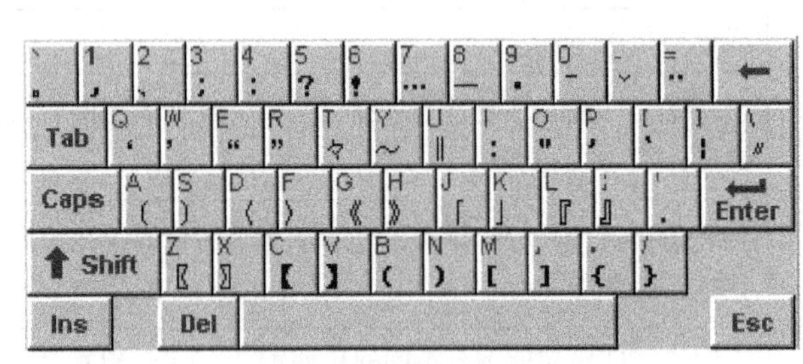

图 1.4 软键盘之“PC 键盘”

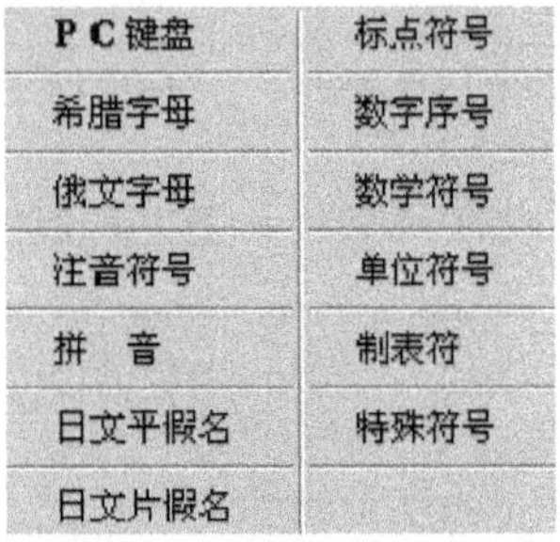

PC 键盘
标点符号
希腊字母
数字序号
俄文字母
数学符号
注音符号
单位符号
拼 音
制表符
日文平假名
特殊符号
日文片假名

图 1.5 软键盘分布目录

5. 键盘上各个按键的手指控制

(1)各按键的手指控制。各按键的手指控制左、右手手指分工如图 1.6 所示。

左小指
左无名指
左中指
左食指
右食指
右中指
右无名指
右小指

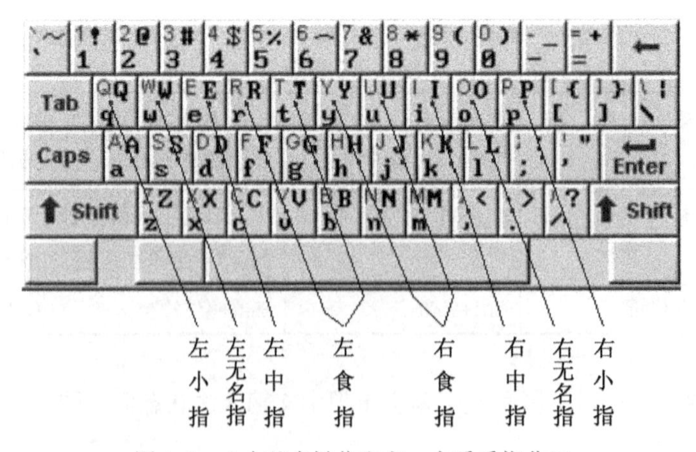

图 1.6 八个基本键位和左、右手手指分工

(2)正确的操作姿势及指法。

① 腰部坐直，两肩放松，上身微向前倾。

② 手臂自然下垂，小臂和手腕自然平抬。

③ 手指略微弯曲，左右手食指、中指、无名指、小指依次轻放在八个基本键位上，并以F和J键上的凸出横条为识别记号，大拇指则轻放于空格键上。八个基本键位手指分工如图1.7所示。

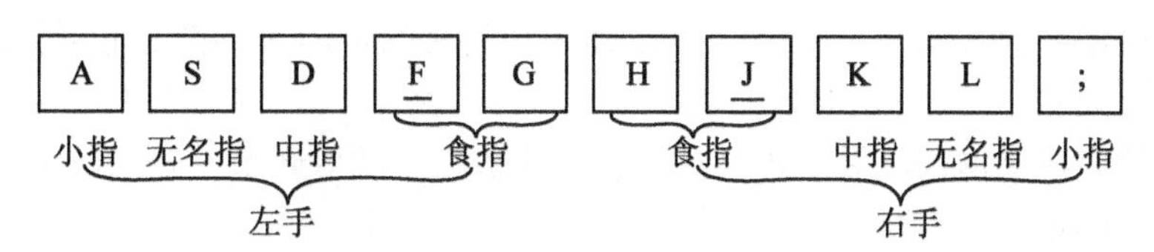

图1.7　八个基本键位手指分工

④ 眼睛看着文稿或屏幕。

⑤ 按键时，伸出手指弹击按键，然后手指迅速回归基准键位，做好下次击键准备。如需按空格键，则用左手或右手大拇指横向向下轻击。如需按回车键Enter，则用右手小指侧向右轻击。

⑥ 输入时，目光集中在稿件上，凭手指的触摸确定键位，不要养成用眼来确定指位的习惯。

6. 鼠标操作

(1)单击左键。

将鼠标指针指向要操作的对象，单击鼠标左键，立即释放鼠标键。单击左键是选定鼠标指针所指内容。一般情况下若无特殊说明，单击操作均指单击左键。

(2)单击右键。

将鼠标指针指向要操作的对象，单击鼠标右键。单击右键会打开鼠标指针所指内容的快捷菜单。

(3)双击左键。

将鼠标指针指向要操作的对象，快速单击鼠标左键两次。双击操作一般用于启动一个应用程序、打开一个文件及文件夹、打开一个窗口等操作。

单击左键选定鼠标指针下面的内容，再按回车键的操作与双击左键的作用一样。

若双击鼠标左键之后没有反应，说明两次单击的速度不够迅速。

(4)移动。

不按鼠标的任何键移动鼠标，鼠标指针在屏幕上相应移动。

(5)拖动(拖曳)。

鼠标指针指向要操作的对象，按住鼠标左键的同时移动鼠标至目的位置，再释放鼠标左键。

(6)与键盘组合。

鼠标左键与Ctrl键组合，常用于选定不连续的多个文件或文件夹。操作方法是：单击一个要选择的对象，按住 Ctrl 键，再用鼠标单击其他要选择的对象。

鼠标左键与 Shift 键组合，常用于选定连续的多个文件或文件夹。操作方法是：单击第一个要选择的对象，鼠标指针移动到要选择的最后一个对象上，按住 Shift 键，再单击左键。

7. "智能 ABC"输入法的一些技巧

(1)智能 ABC 简拼输入词组。

简拼的输入规则是取各字各音节的第一个字母，双字母音节(zh，ch，sh)也可以取前两个字母。例如：输入词组"长城"，可以输入全拼音"changcheng"，也可输入简拼"cc"，还可以输入"chch"。

若词组的简拼字母构成另一单字的拼音或构成拼音的双音节，输入时要在各字母间加单引号"'"隔音符。

例如：简拼方法输入词组"答案"，若输入"da"加空格是"大"字，而输入"d'a"加空格是词组"答案"；词组"社会"，若输入"sh"加空格是"上"字；而输入"s'h"加空格是词组"社会"。

(2)中英文混合输入。

文字录入过程中，有时中文中夹杂着若干英文单词或字母。在"智能 ABC 输入法"状态下，不用切换输入法，可以在中文输入环境下直接输入。输入的方法是：先按字母"v"，再输入要输入的字母即可。

(3)造词功能。

智能 ABC 有"自动造词"和"自定义造词"两种造词方式。

① 自动造词。如第一次输入"中英文输入基础"的编码是"zhongyingwenshurujichu"，以后你只要输入"zywsrjc"就可以输入词"中英文输入基础"了，也即只需输入该词每个字拼音的第一个字母。

② 自定义造词。鼠标右键单击"智能 ABC 输入法"状态框(软键盘按钮除外)，在弹出的快捷菜单中选择"定义新词"命令，打开"定义新词"对话框，如图 1.8 所示。

在"新词"文本框中用"智能 ABC 输入法"输入所要定义的"新词"，长度不超过 15 个汉字；在"外码"文本框中输入需要使用的简码(简码可以是小写英文字母或数字)；单击"添加"按钮。

例如：定义新词"数学与信息科学学院"。打开"定义新词"对话框，用智能 ABC 输入法在"新词"文本框中输入新词"数学与信息科学学院"；在"外码"文本框中输入需要使用的简码，如"sxxy"；单击"添加"按钮。

在"浏览新词"列表框中可以看到相关的词条，如图 1.8 所示。选中后也可以将它删除。

以后在文档输入中若要输入自定义的词"数学与信息科学学院"，在"智能 ABC 输入法"状态下，先输入字母"u"，再输入该词的简码"sxxy"，也即输入编码"usxxy"，就可以输入该词。

(4)中文数量词简化输入。

智能 ABC 输入法提供阿拉伯数字和中文大小写数字的转换能力，可简化一些常用量

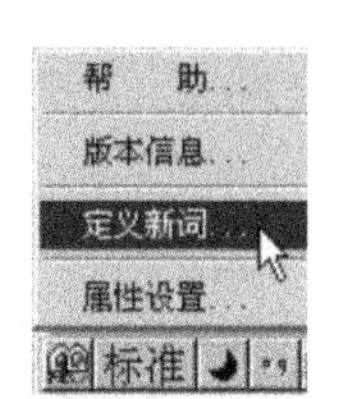

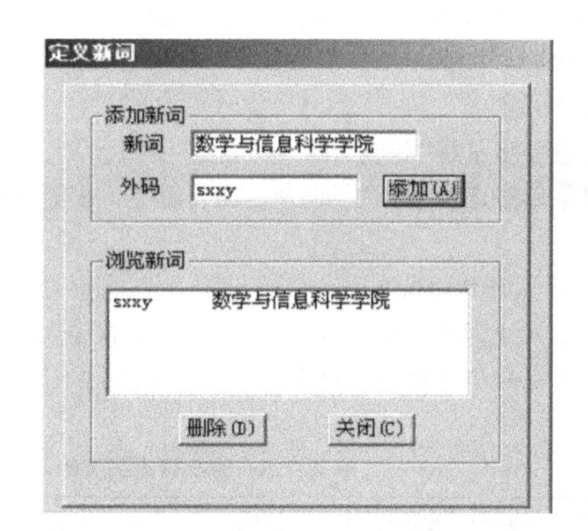

图 1.8　“智能 ABC 输入法”状态栏快捷菜单和“定义新词”对话框

词的输入。利用字母 i 或 I 可以输入中文的数字。

“i”为输入小写中文数字的前导字符，“I”为输入大写中文数字的前导字符。具体方法见表 1.3。系统还规定了数字输入中一些常用的字母含义，具体方法见表 1.4。

表 1.3　**智能 ABC 输入数字时的前导字母“i”或“I”**

汉字	输入码	汉字	输入码	汉字	输入码
○	i0	百	ib	零	I0
一	i1	千	iq	壹	I1
二	i2	万	Iw	贰	I2
……	……	亿	Ie	……	……
九	i9	佰	Ib	玖	I9
十	Is	仟	Iq	拾	Is

表 1.4　**数字输入中特殊字母的含义**

字母	汉字	字母	汉字	字母	汉字	字母	汉字	字母	汉字
h	时	n	年	t	吨	l	里	z	兆
f	分	y	月	j	斤	m	米	d	第
a	秒	r	日	x	升	c	厘	g	个
i	毫			p	磅	o	度	$	元
u	微			k	克				

例如：输入“贰仟捌佰玖拾贰元”，可输入编码“I2q8b9s2$”，输入“二千八百九十二元”，可输入编码“i2q8b9s2$”。输入“一九八七年四月十五日六时五十分”，可输入编码“i1987n4ys5r6h5sf”。

注：要进一步了解“智能 ABC 输入法”使用技巧，右键单击“智能 ABC 输入法”状态栏，在快捷菜单中选择“帮助”命令。在打开的“智能 ABC”帮助窗口中查找需要了解的内容。

8. 中文标点符号的输入

只有在输入法为中文标点符号“•,”时，才能输入中文标点符号，否则为西文标点符号。中文标点符号与键盘键位对应关系见表 1.5。

表 1.5　　**中文标点符号与键盘键位的对应关系**

中文标点	键位	说明	中文标点	键位	说明
。　句号	.		）　右括号	)	
，　逗号	,		《〈单双书名号	<	自动嵌套
；　分号	;		》〉单双书名号	>	自动嵌套
：　冒号	:		……省略号	^	双符处理
？　问号	?		——破折号	_	双符处理
！　感叹号	!		、顿号	\	
“”双引号	“	自动配对	·　间隔号	@	
‘’单引号	‘	自动配对	—　连接号	&	
（　左括号	(		￥人民币符号	$	

(二)实训操作指导

(1)用金山打字 2006 进行中英文打字练习。

步骤 1：单击任务栏的“开始”|“程序”|“打字练习”|“金山打字 2006”命令，弹出金山打字主窗口。

步骤 2：单击“英文打字”钮，按顺序进行“键位练习、单词练习、文章练习”。

步骤 3：单击“拼音打字”按钮，按顺序进行“音节练习、词组练习、文章练习”。

步骤 4：单击“五笔打字”按钮，按顺序进行“字根练习、单字练习、词组练习、文章练习”。

(2)用智能 ABC 输入法和五笔字型输入法，在“记事本”中输入词组“最后”、“不安”、“破案”、“迟缓”。

步骤 1：单击任务栏的“开始”|“程序”|“附件”|“记事本”命令，打开记事本。

步骤 2：单击“任务栏”语言图标按钮，在弹出的菜单中选择“智能 ABC 输入法”。输入拼音“z'h”加空格，输入词组“最后”；输入拼音“b'a”加空格，输入词组“不安”；输入拼音“p'a”加空格，在弹出的同音词列表中选择 3，输入词组“破案”；输入拼音“c'h”加空格，在弹出的同音词列表中选择 6，输入词组“迟缓”。

步骤 3：按 Ctrl+Shift 键切换至五笔字型输入法；输入编码“jbrg”，输入词组“最后”；依次输入编码“gipv”、“dhpv”、“nyxe”，输入词组“不安”、“破案”、“迟缓”。

(3)用“智能 ABC 输入法”造新词“大学计算机基础实验”。

步骤 1：鼠标右键单击“智能 ABC 输入法”状态框，单击快捷菜单的“定义新词”命令，弹出如图 1.8 所示“定义新词”对话框。

步骤 2：在“定义新词”对话框的“新词”文本框中用“智能 ABC 输入法”输入新词“大学计算机基础实验”。

步骤 3：在“外码”文本框中输入外码“dxsy”，单击“添加”按钮，将新词和外码添加到“浏览新词”列表框中。

步骤 4：单击“关闭”按钮，完成自定义新词操作。

(4)快速输入。

输入数字、日期时间：“壹拾伍万陆仟柒佰叁拾捌元”、“一十五万六千七百三十八元”、“二〇〇八年八月八日十八时三十分”。

步骤 1：输入数字：在“智能 ABC 输入法”状态下，输入“I1s5w6q7b3s8$”，得到数字“壹拾伍万陆仟柒佰叁拾捌元”，输入“i1s5w6q7b3s8$”得到数字“一十五万六千七百三十八元”。

步骤 2：输入日期和时间：在“智能 ABC 输入法”状态下，输入“i2008n8y8rs8h3sf”得到“二〇〇八年八月八日十八时三十分”。

(5)打开 Windows XP“记事本”，用最快的速度录入以下文字，并保存在 E 盘，文件名为“Typed”，文件类型为“文本文档”。

“使用防病毒软件、小心处理电子邮件(尤其当它们包含附件时)和小心选择您访问的网站是帮助您保持计算机处于更加安全状态的关键。当您这样做时，会将计算机的安全性掌控在自己手中，因而成为一名优秀的计算机用户。还可帮助防止病毒传播到其他计算机用户。强烈建议通过安装和使用防病毒程序来帮助保护您的计算机免受病毒攻击。”

(6)特殊字符输入练习。

选择“智能 ABC 输入法”，根据预备知识中的提示打开相应的软键盘，在“Windows XP 写字板”中输入下列特殊字符。

- 标点符号：ˇ　々　、　¨　…　～　‖　〖　《　『　】
- 数学符号：≈　≠　≤　≮　±　×　÷　∑　∞　∈　∵
- 特殊符号：※　↓　&　№　§　★　◆　●　〓　◎　◇
- 希腊字母：α　β　γ　ε　θ　λ　μ　π　φ　ω　σ
- 单位符号：°　£　‰　℃　零　贰　肆　陆　捌　拾　毫
- 数字序号：Ⅷ　8.　㈧　⑧　⑻　Ⅴ　5.　㈤　⑤　⑸　⒂

(7)练习鼠标的使用。

步骤 1：打开 Windows XP 的“画图”，在“画图板”上任意画个图形，保存到“E：\”下，文件名为“Pic1”，并关闭“画图”应用程序。

步骤2：打开 Windows XP 的“计算器”，单击计算器菜单栏的“帮助”|“帮助主题”命令。在帮助对话框中单击“索引”，在“输入要查找的关键字”的文本框中输入“存储数”，单击“显示”观看帮助内容。然后运用帮助内容计算表达式“23.6 * 8+255/9-68”的值(数字和运算符用鼠标输入)。

步骤3：双击桌面上“我的电脑”图标，观察你所使用的计算机的硬盘，记录硬盘的可用空间。

练 习 题

一、单项选择题

1. 计算机能够直接执行的程序是________。

A. 应用软件　　B. 机器语言程序
C. 源程序　　D. 汇编语言程序

2. 操作系统的英文名字是________。

A. DOS　　B. Windows
C. UNIX　　D. OS

3. 要使高级语言编写的程序能被计算机运行，必须由________将其处理成机器语言。

A. 系统软件和应用软件　　B. 内部程序和外部程序
C. 解释程序或编译程序　　D. 源程序或目标程序

4. ________是属于面向对象的程序设计语言。

A. C　　B. FORTRAN
C. Pascal　　D. Java

5. 操作系统是________的接口。

A. 主机和外设　　B. 用户和计算机
C. 系统软件和应用软件　　D. 高级语言和机器语言

6. 操作系统的主要功能是________。

A. 实现软、硬件转换　　B. 管理系统所有的软、硬件资源
C. 把源程序转换为目标程序　　D. 进行数据处理

7. ________是控制和管理计算机硬件和软件资源、合理地组织计算机工作流程、方便用户使用的程序集合。

A. 操作系统　　B. 监控程序
C. 应用程序　　D. 编译系统

8. 冯·诺依曼为现代计算机的结构奠定了基础，他的主要设计思想是________。

A. 采用电子元件　　B. 数据存储
C. 虚拟存储　　D. 程序存储

9. 世界上第一台电子计算机是在________年诞生的。

A. 1927　　B. 1946
C. 1943　　D. 1952

10. 第四代计算机是由________构成。

A. 大规模和超大规模集成电路　　B. 中、小规模集成电路

C. 晶体管　　D. 电子管

11. 在 ASCII 码表中，按照 ASCII 值从大到小排列顺序是________。

A. 数字、英文大写字母、英文小写字母

B. 数字、英文小写字母、英文大写字母

C. 英文大写字母、英文小写字母、数字

D. 英文小写字母、英文大写字母、数字

12. 将二进制数 101101101. 111101 转换成十六进制数是________。

A. 16A. F2　　B. 16D. F4

C. 16E. F2　　D. 16B. F2

13. 十进制数 625. 25 对应的二进制数是________。

A. 1011110001. 01　　B. 100011101. 10

C. 1001110001. 01　　D. 1000111001. 001

14. 将八进制数 154 转换成二进制数是________。

A. 1101100　　B. 111011

C. 1110100　　D. 111101

15. 将十进制数 215 转换为八进制数是________。

A. 327　　B. 268. 75

C. 352　　D. 326

16. 下列各种进制的数中，最小的数是________。

A. 001011B　　B. 52O

C. 2BH　　D. 44D

17. 二进制数 10101 与 11101 的和为________。

A. 110100　　B. 110110

C. 110010　　D. 100110

18. 把十进制数 121 转换为二进制数是________。

A. 1111001　　B. 111001

C. 1001111　　D. 100111

19. 二进制数 01011011 转换为十进制数是________。

A. 103　　B. 91

C. 171　　D. 71

20. 将十进制数 0. 265625 转换成二进制数是________。

A. 0. 1011001　　B. 0. 0100001

C. 0. 0011101　　D. 0. 010001

21. 在计算机中，硬件与软件的关系是________。

A. 互相支持　　B. 软件与硬件无关

C. 硬件包括软件　　D. 相互独立

22. 微机硬件系统包括________。

A. 内存储器和外部设备　　B. 显示器、主机箱、键盘

C. 主机和外部设备　　D. 主机和打印机

23. ROM 的特点是________。

A. 存取速度快　　B. 存储容量大

C. 断电后信息仍然保存　　D. 用户可以随时读写

24. 在微机中存取信息速度最快的设备是________。

A. 内存　　B. 光盘

C. 硬盘　　D. 软盘

25. 在微机系统中，任何外部设备必须通过________才能实现主机和设备之间的信息交换。

A. 电缆　　B. 接口

C. 电源　　D. 总线插槽

26. 在微机系统中，数据传输方式有并行和串行两种，所谓并行是指数据传输________。

A. 按位一个一个地传输　　B. 按一个字节 8 位同时进行

C. 按字长进行　　D. 随机进行

27. 计算机硬件系统包括________。

A. 内存和外设　　B. 显示器和主机箱

C. 主机和打印机　　D. 主机和外部设备

28. Pentium Ⅳ 3. 2 微机型号中的 3. 2 与________有关。

A. 显示器的类型　　B. CPU 的速度

C. 内存容量　　D. 磁盘容量

29. 下面有关计算机的叙述中，________是正确的。

A. 计算机的主机包括 CPU、内存储器和硬盘三部分

B. 计算机程序必须装载到内存中才能执行

C. 计算机必须具有硬盘才能工作

D. 计算机键盘上字母键的排列方式是随机的

30. CPU 中的________可存放少量数据。

A. 存储器　　B. 辅助存储器

C. 寄存器　　D. 只读存储器

二、判断题

1. 在第二代计算机中，以晶体管取代电子管作为其主要的逻辑元件。（　　）
2. 一般而言，中央处理器是由控制器、外围设备及存储器所组成。（　　）
3. 裸机是指没有上机箱盖的主机。（　　）
4. 程序必须送到内存储器内，计算机才能够执行相应的命令。（　　）
5. 计算机的存储器可分为内部存储器和外部存储器两种。（　　）

6. 在缺省状态下，输入大写字母要先按下 Shift 键。　　(　　)
7. 显示器既是输入设备又是输出设备。　　(　　)
8. 键盘上键的功能可以由程序设计者来改变。　　(　　)
9. 操作系统是软件和硬件的接口。　　(　　)
10. 计算机存储的基本单位是比特。　　(　　)
11. 计算机中采用二进制仅仅是为了计算简单。　　(　　)
12. 所有数的反码都等于其补码减 1。　　(　　)
13. 汉字输入码是指系统内部的汉字代码。　　(　　)
14. 五笔字型是一种不用记忆就能快速掌握的汉字输入方法。　　(　　)
15. 浮点数的取值范围由尾数决定。　　(　　)

三、填空题

1. 1MB 是________ KB，1KB 是________ B。

2. 存储器容量 1G、1K、1M 分别表示 2 的________次方、________次方、________次方字节。

3. 一张光盘的容量若为 650 ________。

4. 计算机的指令由操作码和________组成。

5. 程序在被执行前，必须要先转换成________语言。

6. 根据软件的用途，计算机软件一般分为系统软件和________两大类。

7. 用高级语言编写的程序称为________，该程序必须被转换成________，计算机才能执行。

8. 计算机是由主机和________组成的。

9. 微机启动通常有冷启动、________和复位启动三种方式。

10. 世界上第一台计算机诞生在________年。世界上公认的第一台电子计算机是________。

四、简答题

1. 计算机的发展经历了哪几个阶段？各阶段的主要特点是什么？
2. 计算机有哪些特点？
3. 计算机中为什么要采用二进制？
4. 用八位二进制表示-17 的原码、反码和补码。
5. 把十进制数“75”转换成等值的：二进制数、八进制数、十六进制数和 BDC 码。

第2章　Windows XP 操作基础

实训一　Windows XP 的基本操作

一、实验目的

(1)掌握 Windows 的基础知识。
(2)掌握 Windows 的基本操作。

二、实训任务

(1)掌握任务栏的设置。
(2)掌握桌面的设置。
(3)掌握系统常用操作。

三、实训内容

(1)设置任务栏为自动隐藏。
(2)设置“微软拼音输入法 2003”为默认输入法。
(3)显示或隐藏任务栏上的“中文输入法”。
(4)设置屏幕分辨率为“1024×768”像素，屏幕保护为“三维花盒”。
(5)在桌面上创建程序的快捷方式。
(6)复制主窗口和屏幕。
(7)使用 Windows XP 的帮助系统。
(8)回收站的使用和设置。

四、操作提示

(一)预备知识

1. Windows XP 桌面组成及桌面上的图标操作

①图标：代表文件或程序的小图形，通常排列于桌面的左侧，如“我的电脑”等。如果是应用程序，在图标的左下角还有一个小白黑箭头。

②“开始”按钮：通常位于桌面底端任务栏的最左边。

③任务栏：通常位于桌面的底端。

④排列图标：在桌面空白处单击鼠标右键，弹出桌面的快捷菜单。鼠标指向“排列图标”命令，在出现的下一级子菜单上观察“自动排列”命令前是否有“√”标记。若有，单击使“√”标记消失，这样就取消桌面的“自动排列”方式。这时可以把桌面上的任一图标拖动到任意位置。

⑤删除图标：若单击桌面上的“我的文档”图标，图标颜色变暗，按一下 Del 键，在弹出的对话框中单击“是”按钮，则删除了“我的文档”图标。删除其他图标方法相同。

2. 任务栏的设置

①图标大小：将鼠标指向任务栏边框，鼠标指针变为双向箭头⟵⟶，左键拖动可改任务栏大小。

②移动位置：用鼠标拖动任务栏空白处，可将任务栏置于桌面的顶部、底部或两侧。

③任务栏选项：右击任务栏空白处，选择快捷菜单的“属性”项，弹出“任务栏和开始菜单属性”对话框，如图 2.1 所示。设置“常规”选项中 5 个选项(方框中有“√”为选中)控制任务栏的显示属性。

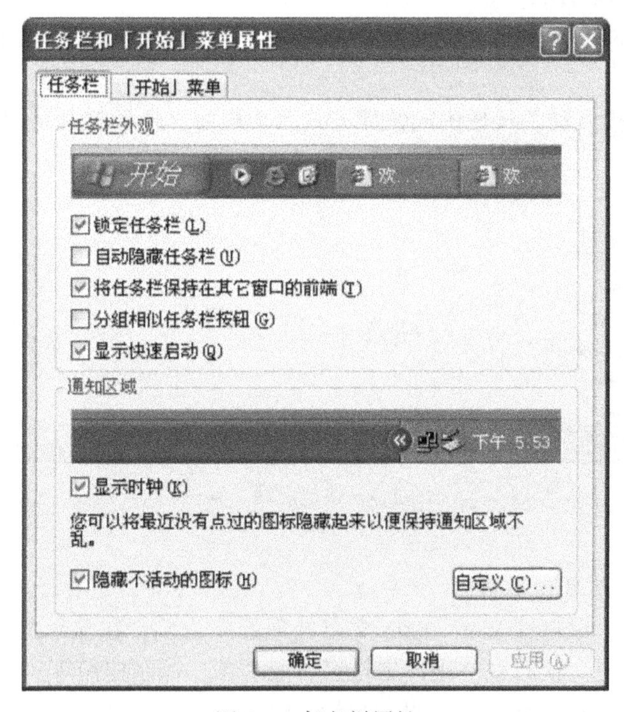

图 2.1　任务栏属性

3. 启动程序的方法

方法 1：从“开始”菜单中单击启动程序：单击“开始”按钮打开“程序”菜单，选择要打开的应用程序。例如，启动字处理软件 Word 2003 的方法，如图 2.2 所示。

方法 2：从“运行”对话框中启动程序：打开“开始”菜单，单击“运行”，在“运行”对

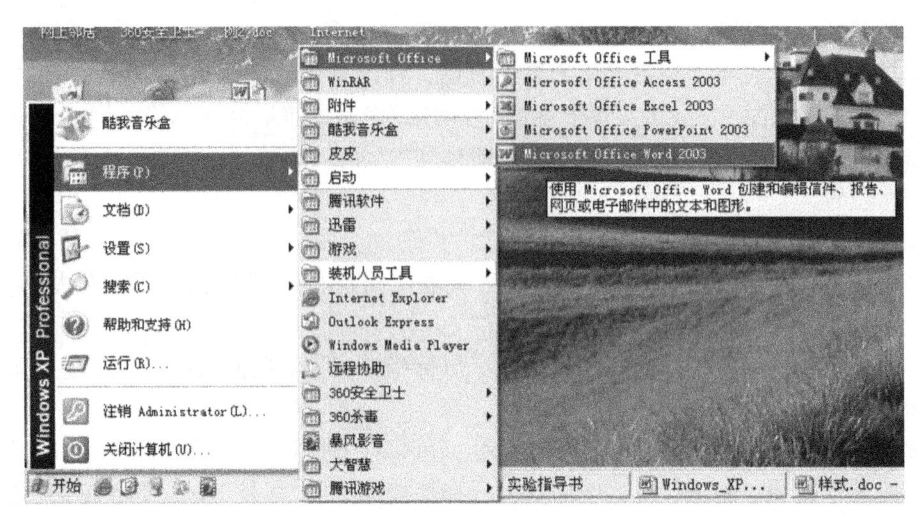

图 2.2　启动程序

话框里输入程序的绝对路径。

方法 3：从桌面上快捷方式启动程序。在桌面有一些应用程序的快捷方式，双击相应的图标启动程序。

方法 4：从快捷启动工具栏中的快捷方式启动程序。任务栏是屏幕下端的横条，如图 2.3 所示。

图 2.3　快捷启动工具栏

4. 窗口的组成及窗口操作

①窗口的组成：以打开 Word 2003 文字处理程序为例，在显示的窗口中找到标题栏、控制菜单栏、工具栏、状态栏、用户工作区、滚动条、控制按钮等。

②窗口标题栏的右侧有三个按钮："最小化"、"最大化"和"关闭"。单击"最小化"按钮，窗口缩小成为任务栏上相应的按钮图标，单击此按钮又打开了窗口。单击"最大化"按钮，窗口扩大到整个桌面，此按钮的提示文本也变为"还原"，再单击"还原"按钮，窗口恢复原来大小。单击"关闭"按钮，关闭 Word 2003 文字处理软件窗口。

③改变窗口大小：打开"我的电脑"窗口，将鼠标移动到左(右)边框，当鼠标指针变为水平双箭头形状时，按住左键拖动鼠标，可改变窗口宽度。同样，将鼠标移动到上(下)边框或窗口的任一角，拖动可改变窗口尺寸。

④窗口移动：鼠标在窗口的标题栏，按住左键拖动鼠标，移动至新的位置松开。

⑤切换窗口：Windows XP 是一个多任务操作系统，可以在使用 Word 处理文件的同时使用 Windows Media Player 播放音乐，甚至还可以同时上网浏览 Internet。

⑥对话框的组成：对话框包括标题栏、选项卡、文本框、列表框、下拉列表框、复选框、单选钮、命令按钮、微调数字按钮等，不同的对话框分别有以上部分元素。

选项卡：把功能相关的对话框元素合在一起，每项功能的对话框成为一个选项卡，单击对话框顶部的标签可显示相应的选项卡。

文本框：用户输入文本信息的地方。

列表框：显示一组可用的选项。列表框和文本框有时可配合使用，即从显示的列表中单击选项信息来填充文本框，双击则选取并确定。

复选框：一组多个选项互不排斥，可任选几项，复选框左侧有一个小方框，选中方框显示“√”，没有“√”表示未选中。

单选钮：一组互相排斥的选项，只能选中一项。选中项左侧的圆圈里显示一个黑点。

⑦对话框的基本操作：

移动对话框：将鼠标移到标题栏，按住左键拖动到某个位置松开左键即可。

选择选项卡：用鼠标单击标签就可以打开选项卡。

确定选择：做好各项回答和选择后，务必单击“确定”按钮。

关闭对话框：单击对话框“关闭”按钮或按 Esc 键，便可关闭对话框。

5. 窗口的排列

排列窗口可以将窗口统一进行调整。右击任务栏的空区，会弹出一个如图 2.4 所示的菜单。在这个菜单中，有三种排列窗口的方式：

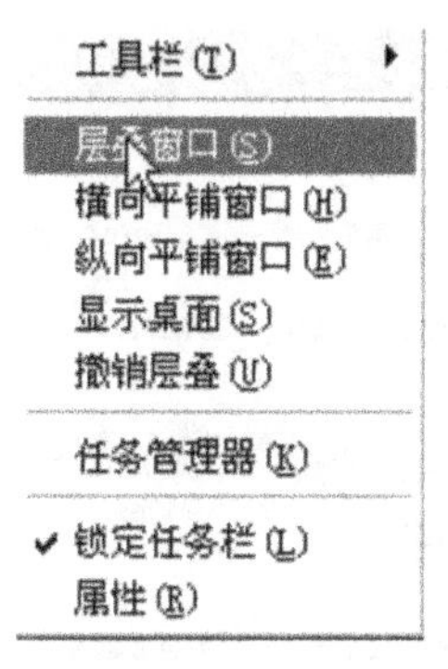

图 2.4　窗口排列菜单

层叠窗口：就是把当前的所有窗口都调整成类似的大小，从屏幕左上角开始，一个挨一个向下排列，每个窗口的标题都显示出来。

横向平铺窗口：是将每个窗口都完全显示出来，程序很多的时候，每个窗口都会小，排列从左到右，然后从上到下。

纵向平铺窗口：是将每个窗口都完全显示出来，程序很多的时候，每个窗口都会小，排列从上到下，然后从左到右。

6. 菜单的约定

对于不同功能，菜单约定如下：

在菜单栏中，菜单的前面或后面都有一个加下画线的字母，按 Alt+下画线字母将会执行该项命令。在菜单中，除了命令名外，还有一些符号，这些符号的含义为：

▶表示此项的后面有子菜单，鼠标指针指向这些命令时，将打开其子菜单。

●表示选中此菜单命令。通常，有几个命令在一起，是互斥的关系。如在资源管理器中的“大图标”、“小图标”、“列表”、“详细资料”命令之间有这样的符号，表示选中一种查看方式。

√表示开关命令，有“√”表示选中该命令，再次单击则取消对勾。

“灰暗”表示使用此命令的条件还不具备，不能执行此命令。

“亮光”表示此命令处于选择状态，单击或按回车键就可执行。

(二)实训操作指导

1. 设置任务栏为自动隐藏

在任务栏的快捷菜单中选择“属性”命令，弹出对话框，如图 2.1 所示，在其中进行设置。

2. 设置“微软拼音输入法 2003”为默认输入法

打开控制面板，选择“区域和语言选项”，弹出“区域和语言选项”对话框，选择“语言”选项卡，单击“详细信息”按钮，打开“文字服务和输入语言”对话框，如图 2.5 所示，在“默认输入语言”下拉列表选择某种已安装的输入法为默认输入法，如“微软拼音输入法 2003”即可。

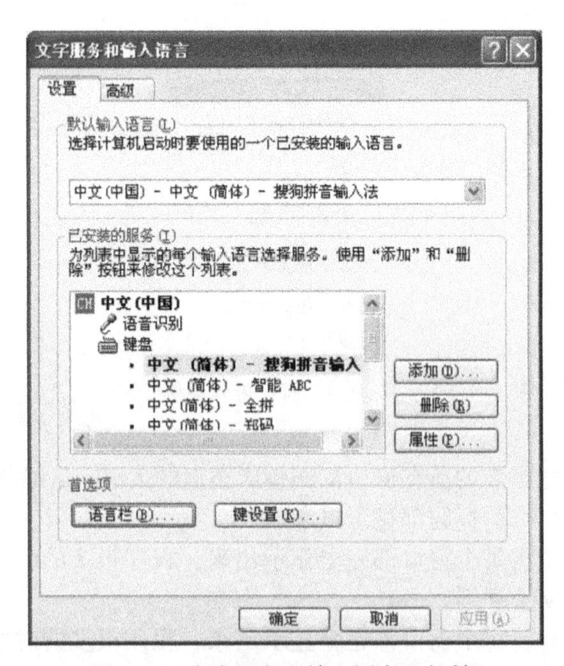

图 2.5 “文字服务和输入语言”对话框

3. 显示或隐藏任务栏上的“中文输入法”

打开如图 2.5 所示对话框，单击“语言栏”按钮，在弹出的对话框中选定或取消“在桌面上显示语言栏”复选框，并单击“确定”按钮即可实现显示或隐藏“中文输入法”。

☞**提示**：当“桌面语言栏”呈显示时，可直接指向其上任一按钮右击，从弹出的快捷菜单中选择“设置”命令亦可进入“文字服务和输入语言”对话框，接下来的操作同上。

4. 设置屏幕分辨率为“1024×768”像素，屏幕保护为“三维花盒”

步骤 1：在桌面上空白处右击，打开“显示属性”设置对话框，选择“设置”选项卡，设置屏幕分辨率，如图 2.6 所示。

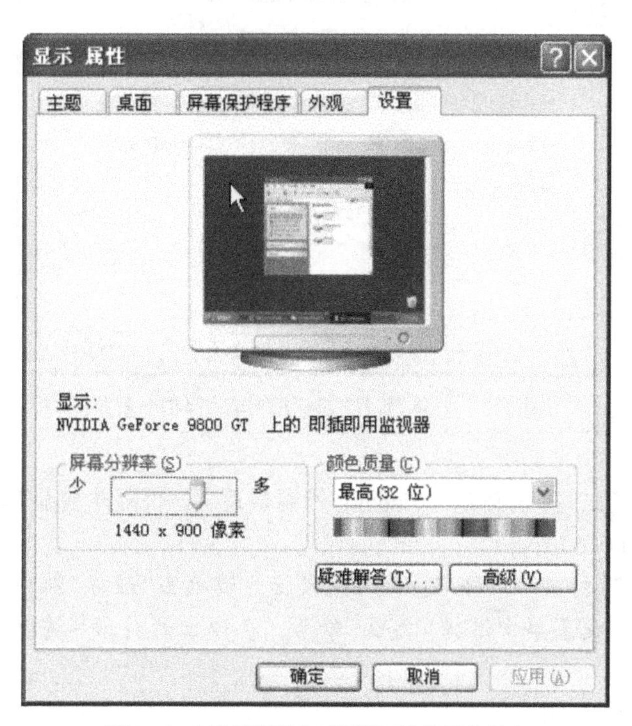

图 2.6 “显示属性”对话框“设置”选项卡

步骤 2：选择“屏幕保护程序”选项卡，设置屏幕保护，如图 2.7 所示。

5. 在桌面上创建程序的快捷方式

①在经典视图下，为“控制面板”中的“性能与维护”|“系统”建立快捷方式。

方法 1：用鼠标把“系统”图标直接拖曳到桌面上。

方法 2：右击“系统”图标，在快捷菜单中选择“创建快捷方式”命令。

②为“Windows 资源管理器”建立一个名为“资源管理器”的快捷方式。

方法 1：用鼠标右键单击“附件”组中的“Windows 资源管理器”，然后在其快捷菜单中选择“发送到”|“桌面快捷方式”命令。

方法 2：按住 Ctrl 键，将“附件”组中的“Windows 资源管理器”拖曳到桌面上。

方法 3：通过桌面快捷菜单中的“新建”|“快捷方式”，在弹出的“创建快捷方式”对

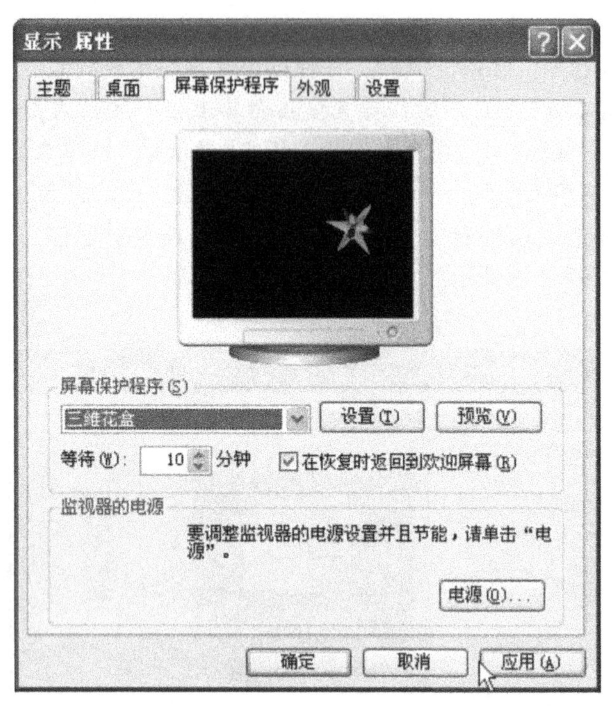

图 2.7 “显示属性”对话框“屏幕保护”选项卡

话框中，通过“浏览…”按钮确定“Windows 资源管理器”的文件名及其所在的文件夹。对应的文件名是 Explorer. exe。

☞**提示**：如果不知道对应的文件名，则可用鼠标右键单击“附件”组中的“Windows 资源管理器”，然后在其快捷菜单中选择“属性”命令，在弹出的对话框中可以确定文件名及其路径。

6. 复制主窗口和屏幕

(1)复制当前主窗口。

步骤 1：打开“附件”组中的“计算器”。

步骤 2：按下 Alt+PrintScreen，“计算器”窗口被复制到剪贴板中。

步骤 3：启动“画图”程序，用“编辑”|“粘贴”命令将剪贴板上的内容复制到画板，并以 Calc. jpg 为文件名保存。

(2)复制屏幕。

按下 PrintScreen，整个屏幕被复制到剪贴板中。

7. 使用 Windows XP 的帮助系统

步骤 1：通过“开始”|“帮助和支持”命令，或“我的电脑”、“我的文档”等窗口中的“帮助”|“帮助和支持中心”菜单命令或直接按 F1，打开 Windows XP 帮助和支持中心窗口。

步骤 2：选择一个帮助主题或一个任务。如单击“自定义自己的计算机”，在展示的主题项和下级项目中查找某主题项，例如“文件、文件夹和程序”主题项。

步骤3：或在“搜索”文本框中输入关键字获取帮助信息。如输入关键字“窗口”，查找有关“窗口”的帮助信息。

步骤4：单击“索引”命令打开“索引”选项卡，在“键入要查找的关键字”文本框中输入要查找信息的关键字，以关键字为标题的帮助信息将显示在列表框中，用户找到列表框中的选项后，单击“显示”按钮，相应的帮助主题将显示在窗口的右侧。例如，在上述文本框中输入“计算机管理”，单击“显示”命令后，在窗口右部可见相应的帮助信息。

步骤5：通过“支持”选项中的链接，可以获得 Windows XP 的在线服务，用户可以通过网络在线服务(MSN)、新闻组、远程服务等获取技术支持。

8. 回收站的使用和设置

①删除桌面上已经建立的“资源管理器”快捷方式和“系统”快捷方式。

选中欲删除对象后按 Delete 键或选择其快捷菜单中的“删除”命令。

②恢复已删除的“资源管理器”快捷方式。

首先打开“回收站”，然后选定要恢复的对象，最后选择“回收站任务”栏目选择“还原此项目”即可。

③永久删除桌面上的 Calc. clp 文件对象，使之不可恢复。

按住 Shift 键，删除文件时将永久删除文件。

④设置各个本地磁盘的回收站容量。

右键单击桌面上的“回收站”图标，弹出如图 2.8 所示的“回收站属性”对话框，将 C 盘回收站的最大空间设置为该盘容量的 10%，其余各磁盘上的回收站空间大小设置为该盘容量的 5%。

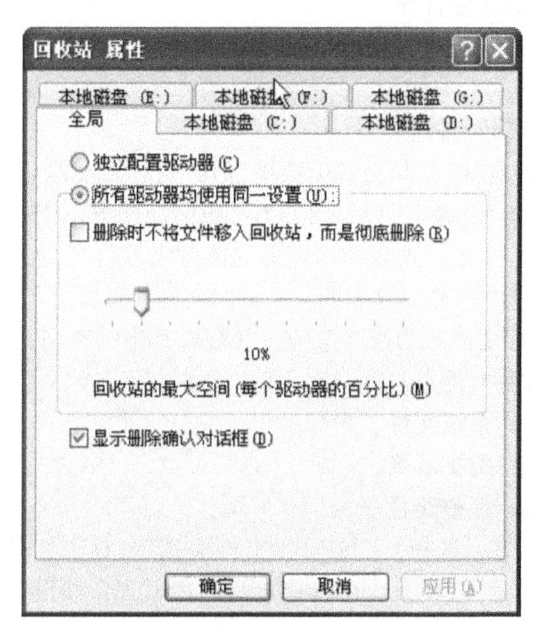

图 2.8 “回收站 属性”窗口

实训二 文件、文件夹的管理和Windows的其他管理操作

一、实训目的

(1)了解 Windows 进行文件管理的途径。

(2)熟练使用“资源管理器”和“我的电脑”进行文件和文件夹的管理。

二、实训任务

(1)了解“资源管理器”的使用。

(2)熟悉 Windows 的文件管理。

(3)掌握文件、文件夹的基本操作。

三、实训内容

(1)练习在资源管理器中文件夹的展开与折叠。

(2)设置或取消指定文件夹的查看选项，并观察其中的区别。

(3)分别用缩略图、列表、详细信息等方式浏览 Windows 主目录，观察各种显示方式之间的区别。

(4)分别按名称、大小、文件类型和修改时间对 Windows 主目录进行排序，观察四种排序方式的区别。

(5)练习 Windows 的文件管理。

四、操作提示

(1)练习文件夹的展开与折叠。

步骤 1：右击“我的电脑”，利用快捷菜单打开“资源管理器”窗口。

步骤 2：将鼠标指向“文件夹”窗口内的 C：图标左侧方框中的“+”号并单击，此时观察到原来的“+”号变为“-”号，这表明 C：下的文件夹已经展开；再单击该“-”号，则可观察到此时“-”号又变为“+”号，这表明 C：下的文件夹又折叠了起来。

(2)设置或取消下列文件夹的查看选项，并观察其中的区别。

①显示所有的文件和文件夹。

②隐藏受保护的操作系统文件。

③隐藏已知文件类型的扩展名。

④在标题栏显示显示完整路径等。

在“资源管理器”窗口，选择“工具”|“文件夹选项(O)...”菜单命令打开“文件夹选项”对话框，再选择“查看”选项卡，在“高级设置”栏实现各项设置，如图 2.9 所示。

(3)分别用缩略图、列表、详细信息等方式浏览 Windows 主目录，观察各种显示方式之间的区别。

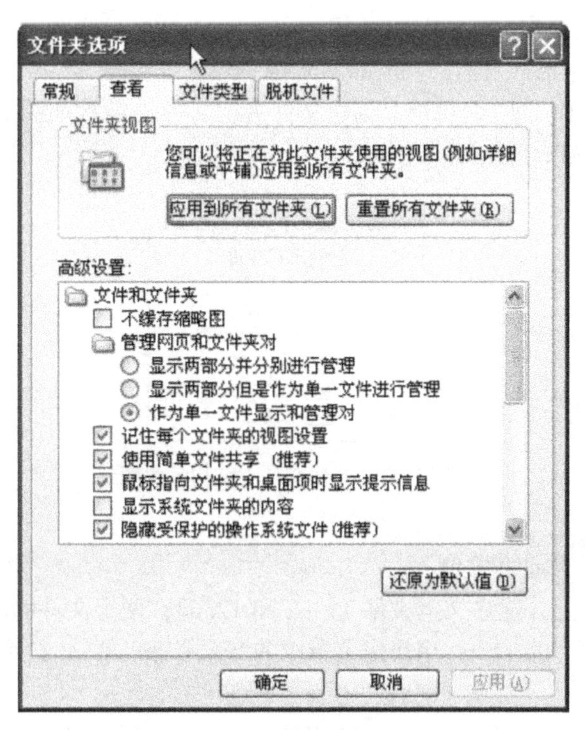

图 2.9　文件夹选项窗口

在“资源管理器”窗口，选择菜单栏“查看”命令(可以是菜单或快捷菜单或工具按钮)，通过各相应子菜单实现，如图 2.10 所示。

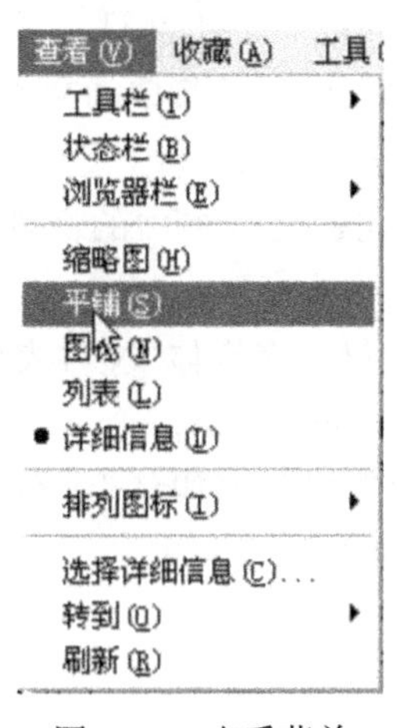

图 2.10　查看菜单

(4)分别按名称、大小、文件类型和修改时间对 Windows 主目录进行排序，观察四种排序方式的区别。

在“资源管理器”窗口，选择“查看”|“排列图标”(或快捷菜单“排列图标”)级联菜单，通过各相应子菜单实现。

(5)在“资源管理器”中练习 Windows 的文件管理。

①在某硬盘(如 E：盘)根目录上创建文件夹，文件夹结构如图 2.11 所示，其中 test1 下有文件夹 sub1，test2 下有文件夹 sub2。

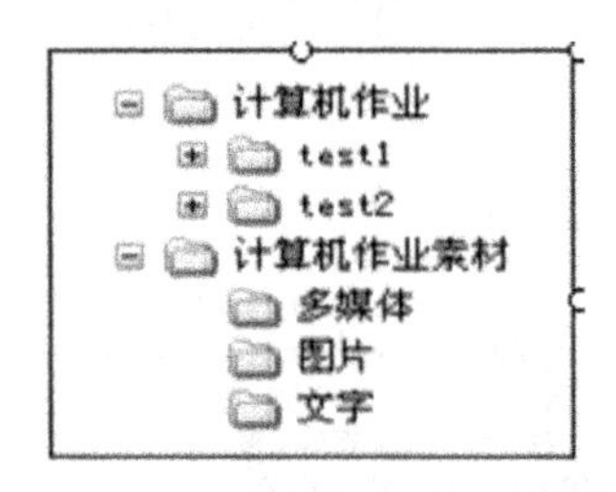

图 2.11　新建文件夹结构示意图

②文件的创建、移动和复制。

步骤 1：在桌面上，建立文本文件 T1. txt 和 T2. txt，两个文件的内容任意输入。

步骤 2：将桌面上的 T1. txt 用快捷菜单中的“复制”和“粘贴”命令复制到 E:\计算机作业\test1 中。

步骤 3：将桌面上的 T1. txt 用 Ctrl+C 键和 Ctrl+V 键复制到 E:\计算机作业\test1\sub1 中。

步骤 4：将桌面上的 T1. txt 用鼠标拖曳的方法复制到 E:\计算机作业\test1\sub2 中。

步骤 5：将桌面上的 T2. txt 移动到 E:\计算机作业\test2 中。

步骤 6：将 E:\计算机作业\test1\sub1 文件夹移动到 E:\计算机作业\test2\sub2 中，要求移动整个文件夹，而不是仅仅移动其中的文件。

步骤 7：将 E:\计算机作业\test1\sub1 用“发送”命令发送到桌面上。

步骤 8：将“C:\Windows\Media”文件夹中的文件 Tada. wav、Windows XP 启动 . wav 和 Flourish. mid 复制到“E:\计算机作业素材\多媒体”文件夹中。

步骤 9：将“E:\计算机作业素材\多媒体”文件夹中的文件 Windows XP 启动 . wav 在同一文件夹中复制一份，并更名为 sound. wav。

步骤 10：将“E:\计算机作业素材\多媒体”文件夹中的三个“. wav”文件同时选中，复制到“E:\计算机作业\test2\sub2”文件夹中。

③文件夹、文件的删除和属性设置。

步骤 1：删除文件夹 sub1 和文件 sound. wav. 再设法恢复。

步骤 2：用 Shift+Delete 命令删除桌面上的文件 T1. txt，观察是否送到回收站。

步骤 3：设置“多媒体”文件夹中的文件 Tada. wav 的属性为只读，设置“E:\计算机作业素材\文字”文件夹的属性为存档、隐藏。

步骤 4：打开“E:\计算机作业素材”文件夹，利用“文字”文件夹的“隐藏”属性，使其不显示出来。

④文件夹、文件的查找。

步骤 1：在“我的电脑”中查找文件 Win. ini 的位置。

步骤 2：在 C:上查找文件夹 Fonts 的位置。

步骤 3：查找 D:上所有扩展名为 . txt 的文件。

☞**提示**：搜索时，可以使用“?”和“ * ”符号。“?”表示任一个字符，“ * ”表示任一字符串。因此，在该题中应输入“ * . txt" 作为搜索文件名。

步骤 4：查找 C:上文件名中第三个字符为 a，扩展名为 . bmp 的文件，并以“Bmp 文件 . fnd”为文件名将搜索条件保存在桌面上。

☞**提示**：搜索时输入“?? a * . bmp”作为文件名。搜索完成后，使用“文件 | 保存搜索”命令保存搜索结果。

步骤 5：查找文件中含有文字“Windows”的所有文本文件，并把它们复制到“E:\计算机作业 \ test1 \ Sub1”下。

步骤 6：查找 C 盘上在去年一年内修改过的所有 . bmp 文件。

实训三　Windows 综合实训

一、实训目的

(1)掌握 Windows XP 常见操作。

(2)掌握 Windows XP 任务管理。

二、实训任务

(1)设置 Windows XP 的文件共享。

(2)任务管理器的使用。

(3)设备管理器的使用。

(4)账户管理。

三、实训内容

(1)启用简单文件共享。

(2)设置指定文件夹为共享文件夹。

(3)设置共享权限。

(4)访问共享资源。

(5)设置隐含共享。

(6)使用“任务管理器”关闭、打开应用程序。

(7)使用“任务管理器”关闭当前正在运行的进程。

(8)通过“任务管理器”的“性能”选项卡了解计算机的各种性能。

(9)访问设备管理器。

(10)查看有关设备驱动程序的信息。

(11)从设备管理器安装新的驱动程序。

(12)回滚到驱动程序的前一版本。

(13)本地管理账户。

(14)本地建立隐藏账户。

四、操作提示

1. 启用简单文件共享

如果系统还没有启用简单文件共享，可打开"我的电脑"，选择"工具"菜单的"文件夹选项"项，在打开的"文件夹选项"窗口中选择"查看"选项卡，确保"使用简单共享(推荐)"复选框被选中即可。

2. 设置"D:\计算机作业素材"文件夹为共享文件夹

步骤1：鼠标右键单击D盘根目录下的"计算机作业素材"文件夹，在弹出的快捷菜单中选择"共享和安全"选项(如没有此文件夹则在此路径下新建一个同名文件夹)。

步骤2：打开"计算机作业素材属性"窗口，选择"共享"选项卡。

步骤3：选择"共享该文件夹"单选按钮。

步骤4：默认的"共享名"为文件夹的名称"计算机作业素材"，这个名字是其他人通过"网上邻居"访问时所看到的名字，在此不做修改。

步骤5：单击"确定"按钮，回到D盘窗口，"计算机作业素材"文件夹被手托起，如图2.12所示，表示对此文件夹设置了共享。

图2.12　共享文件夹

☞**提示**：不必设置"用户数限制"。在Windows XP中，允许的并发连接数是10，要突破这10个连接的限制，需要安装Windows XP Sever。

3. 设置共享权限

步骤1：在"计算机作业素材属性"对话框的"共享"选项卡中单击"权限"按钮，打开"计算机作业素材的权限"。

步骤2：最大组"Everyone"包括局域网中所有的计算机。其默认的权限是"完全控制"，将"Everyone"组权限设置为"读取"。

☞**提示**："完全控制"权限是指登录计算机的成员可以对该共享目录下的文件进行各种操

作，用户拥有更改文件、删除文件的权限。如果对方通过网络删除了共享文件夹中的文件，则被删除的文件不会转移到你的或者对方的回收站，而是直接被清除掉。共享特性不适用于 C：盘的 Documentsand Settings、ProgramFiles 以及 Windows 系统文件夹。

4. 访问共享资源

通过“网上邻居”图标，可访问局域网共享资源。

5. 设置隐含共享

如果不想让同一局域网中的所有用户都能看见共享文件夹，则可以设置隐含共享。

步骤 1：在属性窗口设置共享名称的时候，在名称的最后添加一个美元符号“$ ”(如：计算机作业素材$)，这时通过“网上邻居”，对方就不能看见这个共享文件夹了。

步骤 2：对于需要访问该隐含文件夹的用户，只要被告知这个文件夹的名称，在“运行”窗口中输入“\\机器名\ 隐含共享的文件夹名$ ”，即可直接访问。

☞**提示：**

(1)一旦共享了文件夹，那么它们的子文件夹也同样会被共享。

(2)共享属性对于一个硬盘分区同样适用，但 Windows XP 会发出警告，提示用户，最好共享特定的某个文件夹，这样只有共享的文件夹可以被访问，相对安全一些。

6. 使用“任务管理器”关闭、打开应用程序

步骤 1：打开“任务管理器”，如图 2. 13 所示，选择“应用程序”选项卡，可以看到当前已打开窗口的应用程序，选中应用程序(比如，“未命名—画图”)，单击“结束任务”按钮可直接关闭这个应用程序。如果需要同时结束多个任务，可以按住 Ctrl 键复选多个应用程序再结束任务。

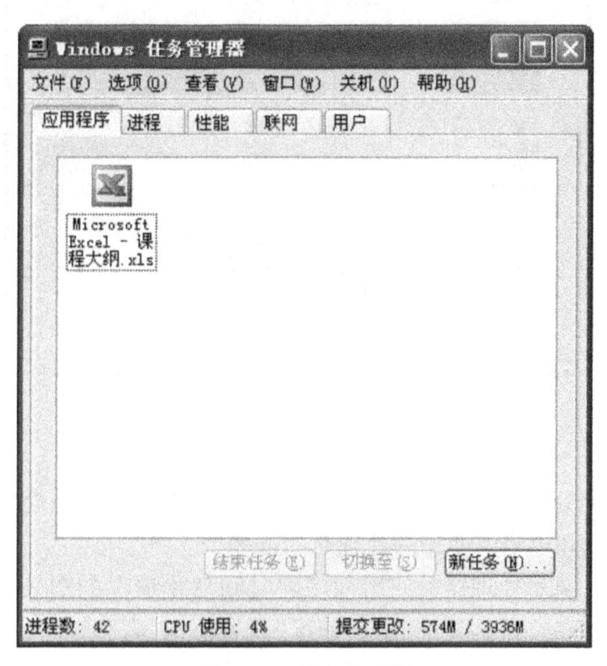

图 2. 13　任务管理器

步骤 2：单击“新任务”按钮，可以直接打开相应的程序、文件夹、文档或 Internet 资源(如打开 C:\Program Files\javagirl.exe)，可以直接在文本框中输入，也可以单击“浏览”按钮进行搜索。

7. 使用“任务管理器”关闭当前正在运行的进程

步骤 1：打开“任务管理器”，切换到“进程”选项卡，这里显示了所有当前正在运行的进程，包括应用程序、后台服务等，那些隐藏在系统底层深处运行的病毒程序或木马程序都可以在这里找到，当然前提是要知道它的名称。

步骤 2：选中需要结束的进程名称(如：WinWord.exe)，然后单击“结束进程”按钮，就可以强行终止所选进程。

☞**提示**：这种方式将丢失未保存的数据，而且如果结束的是系统服务，则系统的某些功能可能无法正常使用。

8. 通过“任务管理器”的“性能”选项卡了解计算机的各种性能

打开如图 2.14 所示窗口，点击“性能”选项：

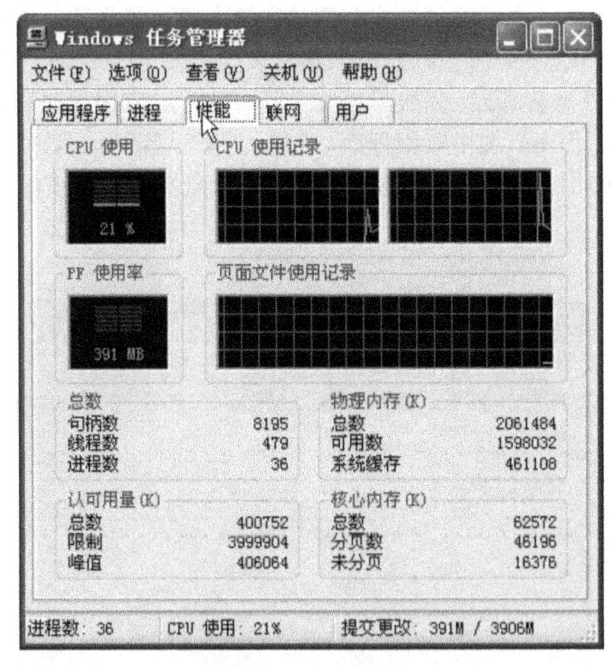

图 2.14　性能选项窗口

CPU 使用：表明处理器工作时间百分比的图表，该计数器是处理器活动的主要指示器，查看该图表可以知道当前使用的处理时间是多少。

CPU 使用记录：显示处理器的使用程序随时间变化情况的图表，图表中显示的采样情况取决于“查看”菜单中所选择的“更新速度”设置值，“高”表示每秒 2 次，“正常”表示每两秒 1 次，“低”表示每 4 秒 1 次，“暂停”表示不自动更新。

PF 使用率：正被系统使用的页面文件的量。

页面文件使用记录：显示页面文件的量随时间的变化情况的图表，图表中显示的采样情况取决于“查看”菜单中所选择的“更新速度”设置值。

总数：显示计算机上正在运行的句柄、线程、进程的总数。

认可用量：分配给程序和操作系统的内存，由于虚拟内存的存在，“峰值”可以超过最大物理内存，“总数”值则与“页面文件使用记录”图表中显示的值相同。

物理内存：计算机上安装的总物理内存，也称 RAM，“可用数”表示可供使用的内存容量，“系统缓存”显示当前用于映射打开文件的页面的物理内存。

核心内存：操作系统内核和设备驱动程序所使用的内存，“分页数”是可以复制到页面文件中的内存，由此可以释放物理内存。“未分页”是保留在物理内存中的内存，不会被复制到页面文件中。

9. 访问设备管理器

方法 1：单击“开始”按钮，选择“运行”命令，然后键入 devmgmt. msc。

方法 2：右键单击“我的电脑”，选择“管理”命令，然后单击“设备管理器”。

方法 3：右键单击“我的电脑”，选择“属性”，切换到“硬件选项卡”，然后单击“设备管理器”命令。

方法 4：在命令提示符处键入下面的命令：start devmgmt. msc。

按以上方法打开的设备管理器窗口如图 2. 15 所示。

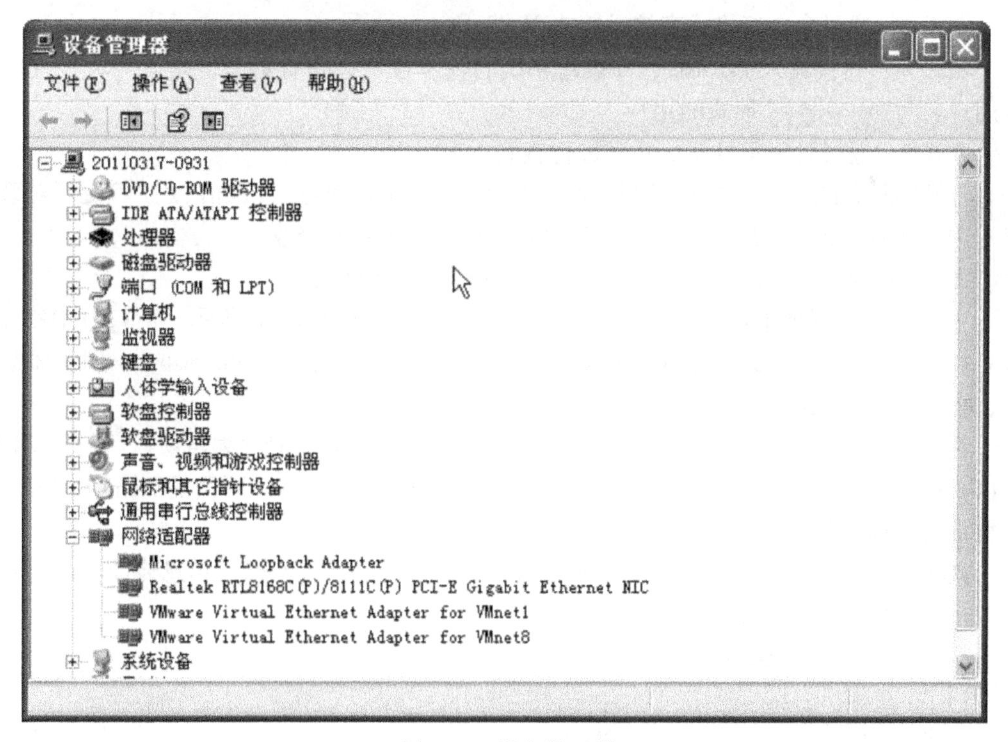

图 2. 15　设备管理器

10. 查看有关设备驱动程序的信息

步骤1：在“设备管理器”中双击要查看的设备的类型。

步骤2：右键单击此特定的设备，然后单击“属性”。

步骤3：在“驱动程序选项卡”上，单击“驱动程序详细信息”。

11. 从设备管理器安装新的驱动程序

步骤1：双击要更新或更改的设备类型。

步骤2：右键单击要更新或更改的特定设备驱动程序。

步骤3：单击“更新驱动程序”以打开“硬件更新向导”，按照向导的指示进行操作。

12. 回滚到驱动程序的前一版本

如果安装驱动程序后出现问题，例如访问设备时出现错误消息，设备出错，甚至无法启动 Windows，则可以使用此功能。Windows XP 提供了此回滚功能，以恢复到以前工作正常的设备驱动程序。

步骤1：右键单击需要回滚驱动程序的设备，然后单击“属性”命令。

步骤2：单击“驱动程序选项卡”。

步骤3：单击“返回驱动程序”。

13. 本地管理账户

本地管理账户主要通过四种方式进行用户账户查看管理。

方式1：打开“控制面板”，双击“用户账户”。

方式2：通过命令行格式直接进行查看

在命令行直接输入 net user，即可对系统的基本账户进行查看，但是此种方法无法查看用户名为“用户名$ ”形式的用户。

方式3：通过管理工具图形界面进行查看

打开“管理工具”中的“计算机管理”，进入“本地用户和组”，点击“用户”便可对系统账户进行查看，包括系统账户的用户名权限等信息的查看及修改。

方式4：通过查看注册表信息主用户账户信息进行查看

在“运行”对话框中输入 regedit，进入注册表窗口，如图 2.16 所示，后打开 HKEY_ LOCAL_ MACHINE \ sam \ sam，右键点击 SAM，选择权限，为 Administrator 用户添加权限，如图 2.17 所示。

关闭注册表，再次在“运行”对话框中输入 regedit，进入注册表编辑窗口后打开 HKEY _ LOCAL_ MACHINE \ sam \ sam \ Domains \ account \ users，user 下面的 Names 中各个键的键值与上面的信息是一致的，如图 2.18 所示。

此种查看方式能够对全部的系统账户进行查看，但是不易对账户信息修改，因为各个账户信息均由系统生成十六位进制信息。

14. 本地建立隐藏账户

(1)建立账户。

点击“开始”|“运行”，输入“CMD”后回车，如图 2.19 所示，在“命令提示符”窗口中输入“net user abc$ 123 /add”回车，成功后会显示“命令成功完成”。

接着输入“net localgroup administrators abc$ /add”回车，这样就利用“命令提示符”程

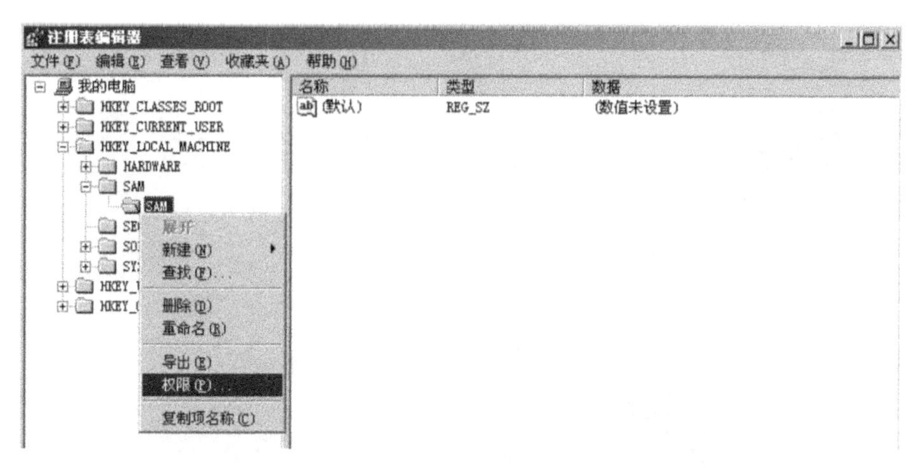

图 2.16　注册表窗口

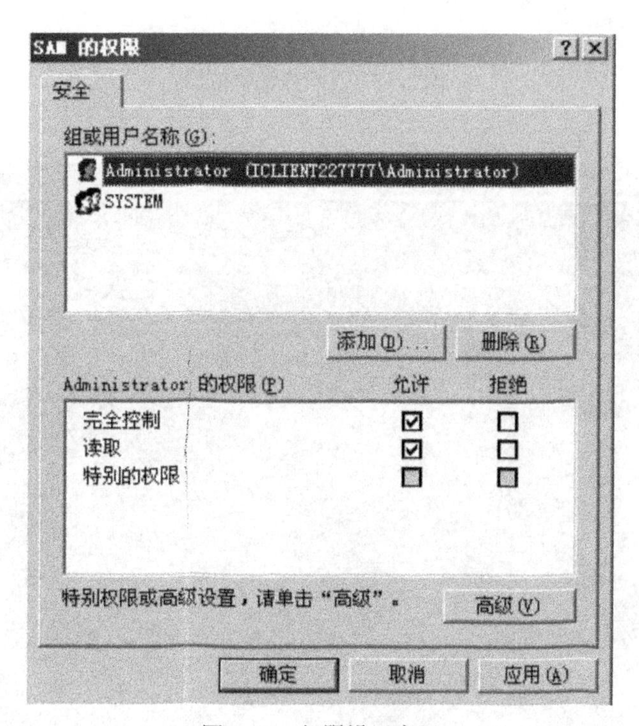

图 2.17　权限设置窗口

序成功地建立了一个用户名为“abc$”，密码为“123”的简单“隐藏账户”，并且把该隐藏账户提升为管理员权限。

若要查看隐藏账户的建立是否成功，可在“命令提示符”中输入查看系统账户的命令“net user”，回车后会显示当前系统中存在的账户。从返回的结果中可以看到刚才建立的“abc$”这个账户并不存在。接着进入控制面板的“管理工具”，打开其中的“计算机”，查

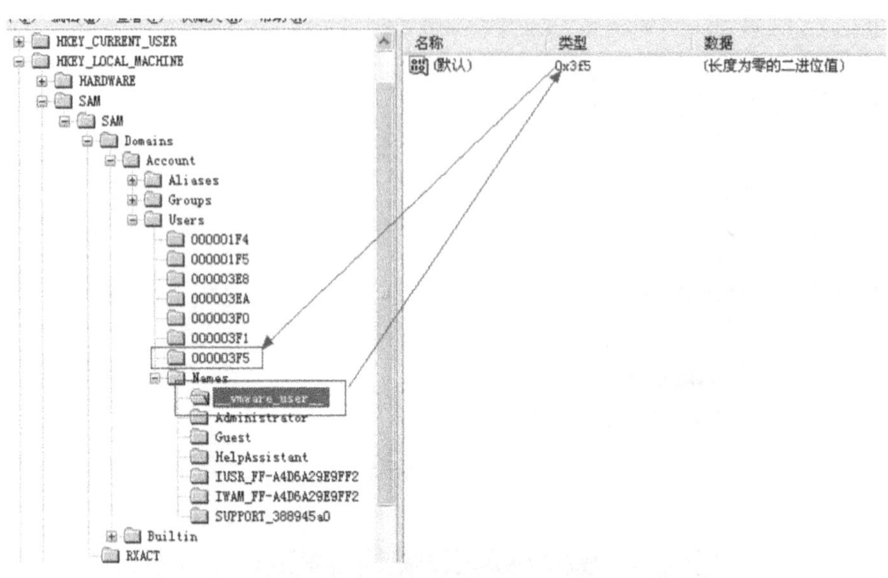

图 2.18　注册表编辑窗口

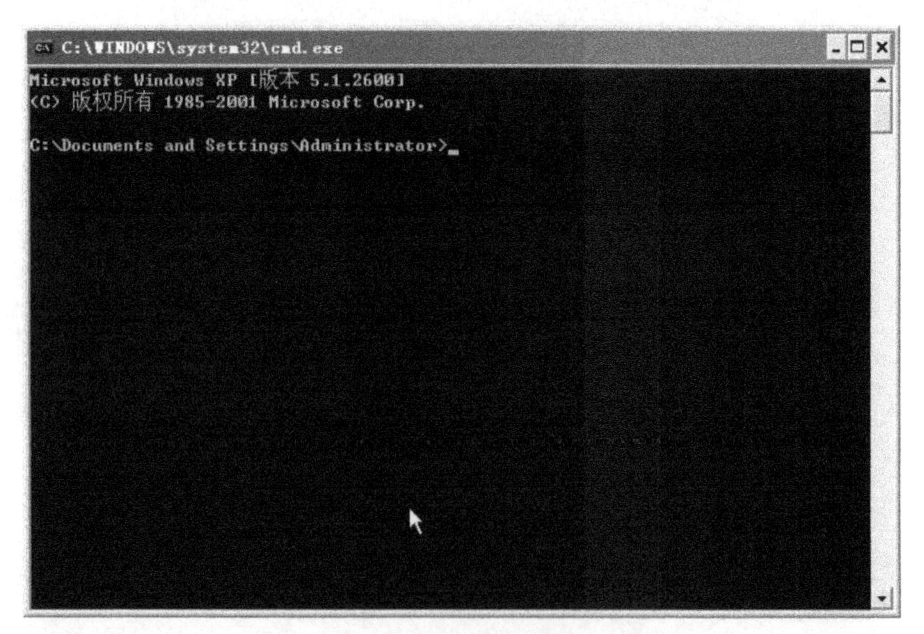

图 2.19　命令提示符窗口

看其中的“本地用户和组”，在“用户”一项中，刚建立的隐藏账户“abc$”便可以查看到，如图 2.20 所示。

☞**提示**：这种方法只能将账户在“命令提示符”中进行隐藏，但在“计算机管理”中可以对此种账户进行查看。

图 2.20　查看用户信息

(2)注册表操作权限设置。

在注册表中对系统账户的键值进行操作，需要到“HKEY_LOCAL_MACHINE\SAM\SAM”处进行修改，但是当来到该处时，会发现无法展开该处所在的键值。这是因为系统默认对系统管理员给予“写入 DAC”和“读取控制”权限，没有给予修改权限，因此不能对“SAM”项下的键值进行查看和修改。不过可以借助系统中另一个“注册表编辑器”给管理员赋予修改权限。

步骤：点击“开始”|“运行”，输入“regedit. exe”后回车，会弹出另一个“注册表编辑器”，与平时使用的“注册表编辑器”不同的是它可以修改系统账户操作注册表时的权限(为便于理解，以下简称 regedt. exe)。在 regedt. exe 中打开“HKEY_ LOCAL_ MACHINE \ SAM \ SAM”处，点击“权限”|“安全”，在弹出的“SAM 的权限”编辑窗口中选中“administrators”账户，在下方的权限设置处勾选“完全控制”，完成后点击“确定”即可。然后我们切换回“注册表编辑器”，可以发现“HKEY_ LOCAL_ MACHINE \ SAM \ SAM”下面的键值都可以展开了。

(3)将隐藏账户替换为管理员。

打开注册表编辑器“HKEY_ LOCAL_ MACHINE \ SAM \ SAM \ Domains \ Account \ Users \ Names”，当前系统中所有存在的账户都会在这里显示，当然也包括我们的隐藏账户。点击我们的隐藏账户“abc$ ”，在右边显示的键值中的“类型”一项显示为 0x3fa，找到“HKEY_ LOCAL_ MACHINE \ SAM \ SAM \ Domains \ Account \ Users \ ”处，可以找到“000003fa”这一项，这两者是相互对应的，隐藏账户“abc$ ”的所有信息都在“000003fa”这一项中。同样的，我们可以找到“administrator”账户所对应的项为“000001F4”，如图 2.21 所示。

将“abc$ ”的键值导出为 abc$. reg，同时将“000003Fa”和“000001F4”项的 F 键值分别导出为 user. reg，admin. reg。用“记事本”打开 admin. reg，将其中“F”值后面的内容复制下

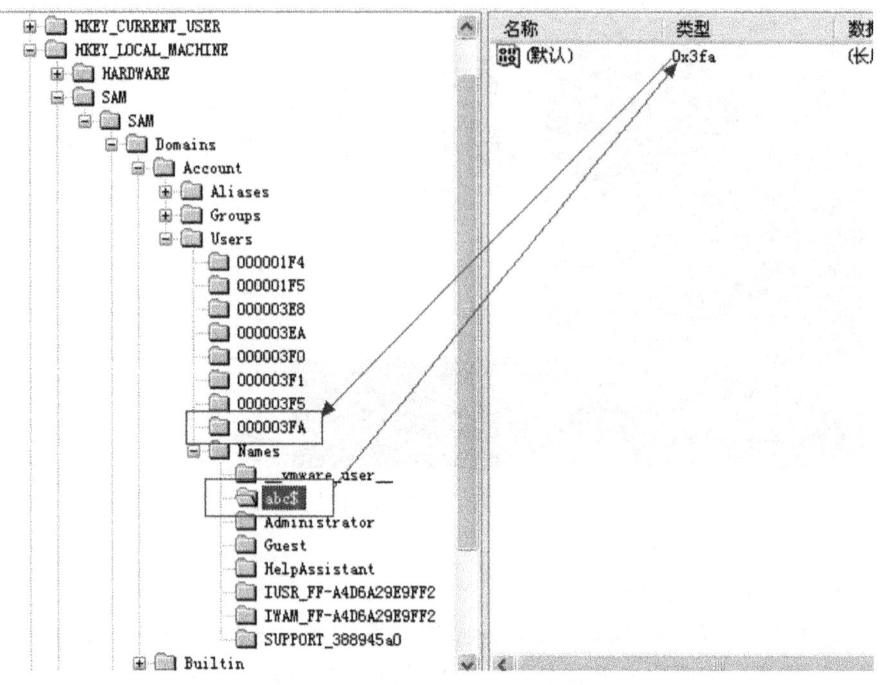

图 2.21　注册表编辑窗口

来，替换 user. reg 中的"F"值内容，完成后保存。接下来进入"命令提示符"，输入"net user abc$ /del"将我们建立的隐藏账户删除。最后，将 abc$. reg 和 user. reg 导入注册表。至此，隐藏账户设置完成。

练　习　题

一、单项选择题

1. Windows XP 是一个________。
   A. 多用户多任务操作系统　　B. 单用户单任务操作系统
   C. 单用户多任务操作系统　　D. 多用户分时操作系统
2. 下列叙述中，正确的一项是________。
   A. "开始"菜单只能用鼠标单击"开始"按钮才能打开
   B. Windows 的任务栏的大小是不能改变的
   C. "开始"菜单是系统生成的，用户不能再设置它
   D. Wndows 的任务栏可以放在桌面的四个边的任意边上
3. 在 Windows XP 中，为了与早期的 DOS 系统兼容，下列错误的叙述是________。
   A. 每个文件有一个长文件名和一个 8.3 格式的别名
   B. 每个文件的长文件名和一个 8.3 格式的别名一定是相同的

C. 系统以大写字母形式显示 8. 3 格式的别名

D. 长文件名中大小写字母是有区别的

4. Wndows 支持长文件名，一个文件名的最大长度可达________个字符。

A. 225　　B. 256

C. 255　　D. 128

5. 下列文件名中，________是非法的 Windows 文件名。

A. This is my file　　B. 关于改进服务的报告

C. * 帮助信息 *　　D. studsat, dbf

6. Window XP 中“开始”菜单中的“文档”选项中列出了最近使用过的文档清单，其数目最多可达________个。

A. 4　　B. 15

C. 10　　D. 12

7. 按组合键________可以打开“开始”菜单。

A. Ctrl+O　　B. Ctrl+Esc

C. Ctrl+空格键　　D. Ctrl+Tab

8. 在“资源管理器”的文件夹内容窗口中，如果需要选定多个非连续排列的文件，应按组合键________。

A. Ctrl+单击要选定的文件对象　　B. Alt+单击要选定的文件对象

C. Shift+单击要选定的文件对象　　D. Ctr+双击要选定的文件对象

9. 若 Windows XP 的菜单命令后面有符号“…”，就表示系统在执行此菜单命令时需要通过________询问用户，以获取更多的信息。

A. 窗口　　B. 文件

C. 对话框　　D. 控制面板

10. 在 Windows XP 中，下列不能用“资源管理器”对选定的文件或文件夹进行更名操作的是________。

A. 单击“文件”菜单中的“重命名”菜单命令

B. 右单击要更名的文件或文件夹，选择快捷菜单中的“重命名”菜单命令

C. 快速双击要更名的文件或文件夹

D. 间隔双击要更名的文件或文件夹，并键入新名字

11. 在 Windows XP 中，下列________是中英文输入切换键。

A. Ctrl+Alt　　B. Shift+空格

C. Ctrl+空格　　D. Ctrl+Shift

12. Windows XP 的整个显示屏幕称为________。

A. 窗口　　B. 屏幕

C. 工作台　　D. 桌面

13. Windows XP 资源管理器中部的窗口分隔条________。

A. 可以移动　　B. 不可以移动

C. 自动移动　　D. 以上说法都不对

14. Windows XP 中，下列有关任务栏的描述中正确的是________。

A. 任务栏的大小不可以改变

B. 任务栏的位置不可以改变

C. 任务栏不可以自动隐藏

D. 单击任务栏的“任务按钮”可以激活它所代表的应用程序

15. 在 Windows XP 的资源管理器中，下列叙述中正确的是________。

A. 展开文件夹和打开文件夹是相同的操作

B. 展开文件夹和打开文件夹是不相同的操作

C. 单击标有“+”的方框可以打开文件夹

D. 单击标有“-”的方框可以展开文件夹

16. 如果在 Windows XP 的资源管理器底部没有状态栏，那么要增加状态栏的操作是________。

A. 单击“编辑”菜单中的“状态栏”命令

B. 单击“查看”菜单中的“状态栏”命令

C. 单击“工具”菜单中的“状态栏”命令

D. 单击“文件”菜单中的“状态栏”命令

17. 在下列有关 Windows XP 菜单命令的说法中，不正确的是________。

A. 带符号“...”的命令执行后会打开一个对话框，要求用户输入信息

B. 命令前有对钩符号√代表该命令有效

C. 当鼠标指向带有黑色箭头符号▶的命令时，会弹出一个子菜单

D. 用灰色字符显示的菜单命令表示相应的程序被破坏

18. 在 Windows XP 中将信息传送到剪贴板不正确的方法是________。

A. 用“复制”命令把选定的对象送到剪贴板

B. 用“剪切”命令把选定的对象送到剪贴板

C. 用 Ctrl+V 把选定的对象送到剪贴板

D. 用 Alt+Printscreen 把当前窗口送到剪贴板

19. 在 Windows XP 资源管理器中，在按下 Shift 键的同时执行删除某文件的操作是________。

A. 将文件放入回收站　　B. 将文件直接删除

C. 将文件放入上一层文件夹　　D. 将文件放入下一层文件夹

20. 在 Windows XP 中，要改变屏幕保护程序的设置，应首先双击控制面板窗口中的________。

A. “多媒体”图标　　B. “显示”图标

C. “键盘”图标　　D. “系统”图标

二、判断题

1. Windows XP 启动时总会出现登录对话框。 (　　)

2. 窗口最大化后，还可以移动。 (　　)

3. 复制一个文件夹时，文件夹中的文件和子文件夹一同被复制。（ ）
4. 不同文件夹中的文件可以是同一个名字。（ ）
5. 删除一个快捷方式时，所指的对象一同被删除。（ ）
6. 删除回收站中文件是将该文件彻底删除。（ ）
7. 附件中的录音机程序只能录音不能播放声音文件。（ ）
8. 附件中的记事本程序只能编辑文本文件。（ ）
9. 用户不能调换鼠标左右键的功能。（ ）
10. 屏幕保护程序中的密码是在启动屏幕保护程序时输入的。（ ）
11. Windows 可以同时打开多个应用程序窗口，但其中只有一个是活动窗口。（ ）
12. Windows 中，在不同磁盘间可以用鼠标拖动文件名的方法实现文件的复制。（ ）
13. Windows 对话框的外形和窗口差不多，允许用户改变其大小。（ ）
14. 选择“编辑”菜单中的“反向选择”命令，将选定文件夹中除已选定的所有文件。（ ）
15. 在 Windows 中，保存对现有文档的修改，可使用“文件”菜单中的“保存”命令。（ ）

三、填空题

1. 在 Windows XP 中“微机原理与应用 . doc”是一个长文件名，它所对应的短文件名是________。

2. Windows XP 中用户可以同时打开多个窗口，窗口的排列方式有________、________两种，但只有一个窗口处于激活状态，该窗口叫做________。

3. 在 Windows 中，当启动程序或打开文档时，若不知道某个文件位于何处，则可以使用系统提供的________功能。

4. 在 Windows XP 的附件中，“画图”软件绘制的图形，保存时其缺省扩展名为________。

5. Windows XP 中的路径由一系列文件名加上分隔符________组成。

6. 当某个窗口占满整个桌面时，双击窗口的标题栏，可以使窗口________。

7. 若拖动窗口，需鼠标左键按住窗口的________部分。

8. 窗口缩小后，以按钮的形式显示在________上。

9. 寻求 Windows 帮助的方法之一，是从“开始菜单”中选择________。

10. Windows 中应用程序窗口标题栏显示的内容是________。

四、简答题

1. 简单叙述关闭计算机的步骤，并说明为什么不能随意关闭计算机。
2. 简述回收站的作用，并回答如何删除一个文件。
3. 在“资源管理器”中如何复制文件？请至少举出三种不同的方法。
4. 如何搜索 D：盘上以 WR 开始命名扩展名为 jpg 的所有图片文件？
5. 如何选取多个连续的文件？如何选取多个不连续的文件？

第3章 字处理软件Word 2003

实训一 Word 2003的基本操作

一、实训目的

(1)熟悉Word 2003编辑窗口的各种要素。

(2)掌握Word 2003的基本操作。

二、实训任务

(1)认识Word的窗口、菜单、工具栏、对话框等工作界面。

(2)视图方式：普通、Web版式、页面等视图方式及全屏、调整显示比例之间的切换。

(3)Word的基本操作：启动和退出Word；新建、打开、保存文档；采用模板和向导新建文档；文本的选定操作；文本、符号和时间等的输入与修改；选择、复制、移动对象的操作；英文拼写与语法检查；查找与替换；撤销与恢复；设置自动保存文件的时间。

三、实训内容

使用Word 2003创建新的空白文档，并另存为“求职自荐书”；录入“求职自荐书”的标题与正文内容，时间录入采用菜单栏“插入”|“日期和时间”方式；设置标题及正文的字符格式和段落格式；查找和替换并校正输入错误；选择合适的视图方式、显示比例，设置纸张大小；保存文档等。实训效果如图3.1所示。

四、操作提示

1. 创建新的文档

步骤1：双击桌面上的Word 2003快捷方式图标，或者单击“开始”|“程序”|“Microsoft Office”|“Microsoft Office Word 2003”命令，启动Word 2003。

步骤2：执行菜单栏“文件”|“另存为”，弹出“另存为”对话框，在“文件名”输入框中输入“求职自荐书”，点击“保存”按钮。

2. 输入标题

在光标闪烁处输入“求职自荐书”。

求职自荐书[HOT]

尊敬的领导：

您好！

我是 XX 大学 XX 校区通信工程系 XX 届的一名学生，即将面临毕业。

大学 XX 校区是我国著名的通信、电子等人才的重点培养基地，具有悠久的历史和优良的传统，并且素以治学严谨、育人有方而著称；XX 大学 XX 校区通信工程系则是全国著名的电子信息学科基地之一。在这样的学习环境下，无论是在知识能力，还是在个人素质修养方面，我都受益匪浅。

四年来，在师友的严格教益及个人的努力下，我具备了扎实的专业基础知识，系统地掌握了信号与系统、通信原理、无线通信等有关理论；熟悉涉外工作常用礼仪；具备较好的英语听、说、读、写、译等能力；能熟练操作计算机办公软件。同时，我利用课余时间广泛地涉猎了大量书籍，不但充实了自己，也培养了自己多方面的技能。更重要的是，严谨的学风和端正的学习态度塑造了我朴实、稳重、创新的性格特点。

此外，我还积极地参加各种社会活动，抓住每一个机会，锻炼自己。大学四年，我深深地感受到，与优秀学生共事，使我在竞争中获益；向实际困难挑战，让我在挫折中成长。祖辈们教我勤奋、尽责、善良、正直；XX 大学培养了我实事求是、开拓进取的作风。我热爱贵单位所从事的事业，殷切地期望能够在您的领导下，为这一光荣的事业添砖加瓦；并且在实践中不断学习、进步。

收笔之际，郑重地提一个小小的要求：无论您是否选择我，尊敬的领导，希望您能够接受我诚恳的谢意！祝愿贵单位事业蒸蒸日上！

张三

2012 年 6 月 18 日

图 3.1　自荐书

3. 设置标题格式

选中标题文字后，在工具栏的“字体”下拉框选择“幼圆”，再在“字号”下拉列表中设置字号大小为“二号”，点击加粗按钮**B**，然后单击“居中对齐”，使标题居中，效果如图 3.2 所示。

☞**提示**：

先选中，再操作。

4. 设置字体格式

步骤 1：选定文本“HOT”再单击菜单栏“格式”|“字体”，弹出“字体”对话框。

步骤 2：选择“字体”对话框|“字体”选项卡|“效果”栏|“上标”复选框，再选择“字体”对话框|“字符间距”选项卡，“位置”下拉列表框中选择“提升”，“磅值”设置为“14”。在如图 3.3 所示中的预览栏中，可以预览设置后的效果。

步骤 3：单击“确定”按钮，回到文档中。

5. 输入正文内容

按回车键后，输入”求职自荐书”正文内容。

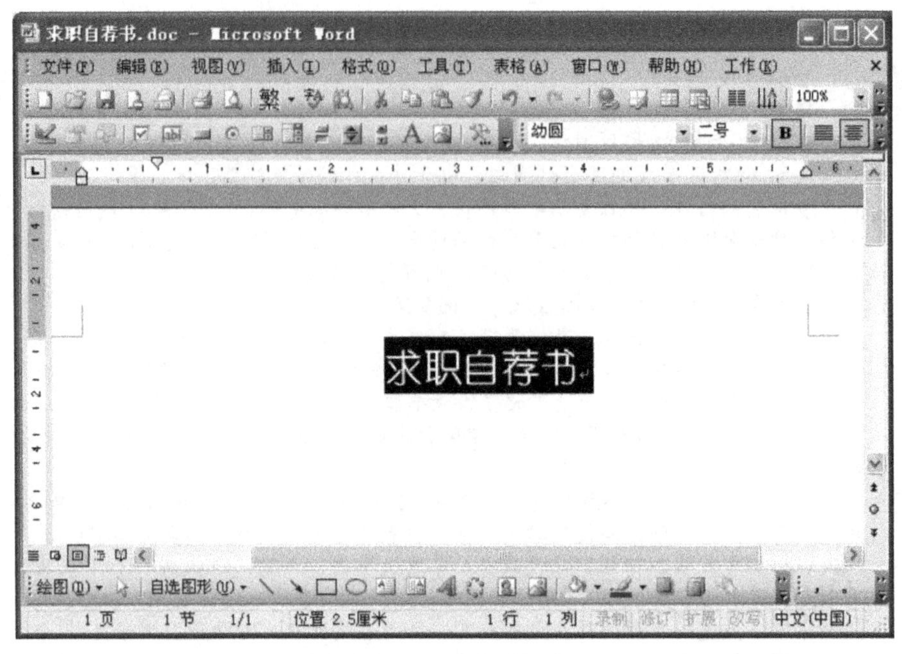

图 3.2　设置标题格式

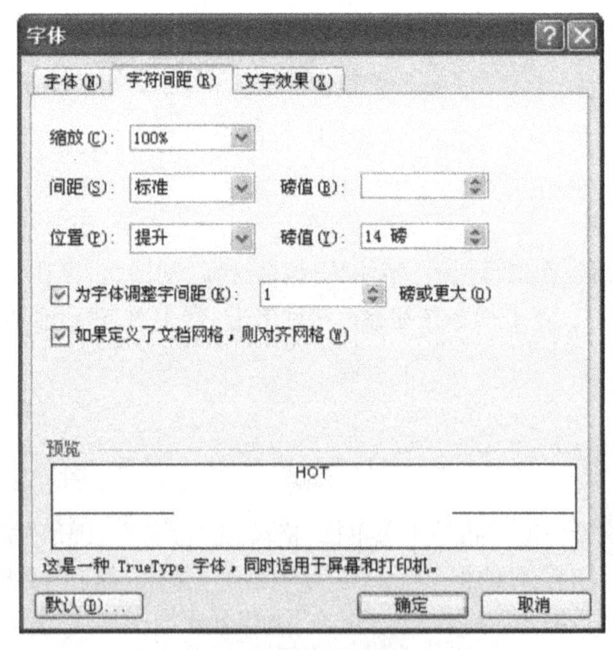

图 3.3　字体格式设置对话框

6. 插入日期和时间

正文内容输入完后，另起一行，并设置文字输入为“右对齐”，输入作者姓名例如“张

三”，设置字体样式同标题。再按 Enter 键另起一行，单击菜单栏“插入”|“日期和时间”命令，在“日期和时间”对话框的“可用的格式”列表中选择一恰当的格式。

7. 设置段落格式

步骤 1：设置正文文字为“两端对齐”，设置“字体”为“楷体_ GB2312”，设置“字号”为“小四号”，设置“行间距”为最小值 15.5 磅。

步骤 2：单击菜单栏“格式”|“段落”命令，在“段落”对话框|“缩进”栏的“特殊格式”下拉列表中，选择“首行缩进 2 字符”，再回到编辑状态。

8. 查找与替换

步骤 1：将文中所有的“通讯信息”替换为“通信”。

步骤 2：将“通信原理”与“信号系统”交换位置。

查找与替换前如图 3.4 所示，查找与替换后如图 3.5 所示，其中使用阴影显著标识查找与替换前后不同的文字。

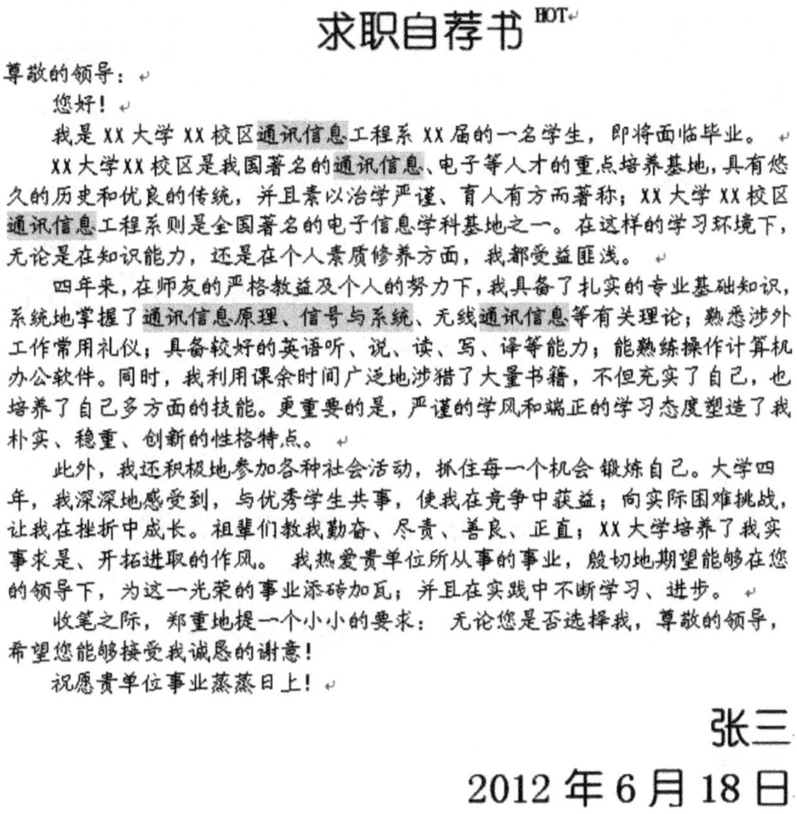

求职自荐书 HOT

尊敬的领导：

您好！

我是 XX 大学 XX 校区通讯信息工程系 XX 届的一名学生，即将面临毕业。

XX 大学 XX 校区是我国著名的通讯信息、电子等人才的重点培养基地，具有悠久的历史和优良的传统，并且素以治学严谨、育人有方而著称；XX 大学 XX 校区通讯信息工程系则是全国著名的电子信息学科基地之一。在这样的学习环境下，无论是在知识能力，还是在个人素质修养方面，我都受益匪浅。

四年来，在师友的严格教益及个人的努力下，我具备了扎实的专业基础知识，系统地掌握了通讯信息原理、信号与系统、无线通讯信息等有关理论；熟悉涉外工作常用礼仪；具备较好的英语听、说、读、写、译等能力；能熟练操作计算机办公软件。同时，我利用课余时间广泛地涉猎了大量书籍，不但充实了自己，也培养了自己多方面的技能。更重要的是，严谨的学风和端正的学习态度塑造了我朴实、稳重、创新的性格特点。

此外，我还积极地参加各种社会活动，抓住每一个机会锻炼自己。大学四年，我深深地感受到，与优秀学生共事，使我在竞争中获益；向实际困难挑战，让我在挫折中成长。祖辈们教我勤奋、尽责、善良、正直；XX 大学培养了我实事求是、开拓进取的作风。我热爱贵单位所从事的事业，殷切地期望能够在您的领导下，为这一光荣的事业添砖加瓦；并且在实践中不断学习、进步。

收笔之际，郑重地提一个小小的要求：无论您是否选择我，尊敬的领导，希望您能够接受我诚恳的谢意！

祝愿贵单位事业蒸蒸日上！

张三

2012 年 6 月 18 日

图 3.4　查找与替换前

9. 页面设置

单击菜单栏“文件”|“页面设置”，弹出“页面设置”对话框，选定“纸张”标签，在“纸张大小”栏选定 A4。在该对话框中还可以进行“页边距”、“版式”、“文档网络”的相

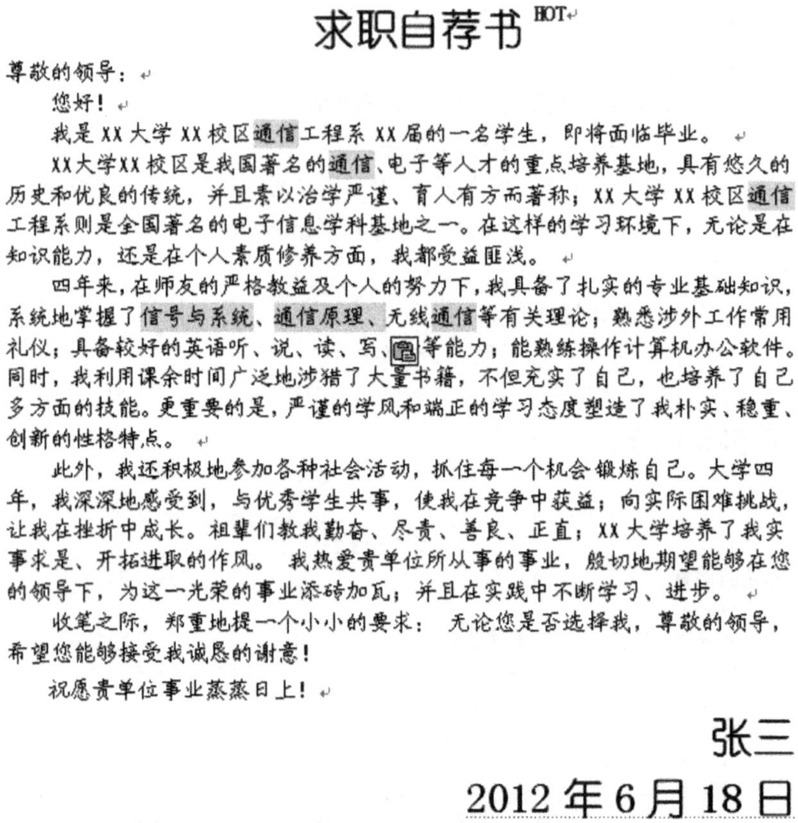

求职自荐书 HOT

尊敬的领导：

您好！

我是XX大学XX校区通信工程系XX届的一名学生，即将面临毕业。

XX大学XX校区是我国著名的通信、电子等人才的重点培养基地，具有悠久的历史和优良的传统，并且素以治学严谨、育人有方而著称；XX大学XX校区通信工程系则是全国著名的电子信息学科基地之一。在这样的学习环境下，无论是在知识能力，还是在个人素质修养方面，我都受益匪浅。

四年来，在师友的严格教益及个人的努力下，我具备了扎实的专业基础知识，系统地掌握了信号与系统、通信原理、无线通信等有关理论；熟悉涉外工作常用礼仪；具备较好的英语听、说、读、写、译等能力；能熟练操作计算机办公软件。同时，我利用课余时间广泛地涉猎了大量书籍，不但充实了自己，也培养了自己多方面的技能。更重要的是，严谨的学风和端正的学习态度塑造了我朴实、稳重、创新的性格特点。

此外，我还积极地参加各种社会活动，抓住每一个机会锻炼自己。大学四年，我深深地感受到，与优秀学生共事，使我在竞争中获益；向实际困难挑战，让我在挫折中成长。祖辈们教我勤奋、尽责、善良、正直；XX大学培养了我实事求是、开拓进取的作风。我热爱贵单位所从事的事业，殷切地期望能够在您的领导下，为这一光荣的事业添砖加瓦；并且在实践中不断学习、进步。

收笔之际，郑重地提一个小小的要求：无论您是否选择我，尊敬的领导，希望您能够接受我诚恳的谢意！

祝愿贵单位事业蒸蒸日上！

张三

2012年6月18日

图 3.5　查找与替换后

关设置。

10. 保存与退出

单击“常用工具栏”保存按钮保存文档，并点击界面右上角关闭按钮×关闭文档。

实训二　文档编辑与格式化

一、实训目的

(1)掌握编辑文档的操作。

(2)掌握格式化文档的操作。

(3)通过本实训的学习，掌握字体、段落的设置，能够灵活地编辑文字以及替换文本中的内容；掌握格式化文档的方法。

二、实训任务

(1)编辑文档：编辑定位；设置字体格式(字体、字型、字号、颜色、加粗、下画线、边框、底纹)；设置字体样式；设置段落样式(两端对齐、居中对齐、右对齐、分散对齐、缩进、行间距)；插入、复制、移动、删除文字。

(2)格式化文档：设置项目符号与编号；边框与底纹；设置分栏与首字下沉；段落样式的应用；格式刷及模板快速格式化方法。

三、实训内容

1. 文字录入与编辑

使用 Word 2003 分别录入如图 3.6、图 3.7、图 3.8 所示的样文。

【样文 W1.DOC】

第一段：前言
第二段：随着科学技术的发展，计算机(Computer)知识已成为人类当代文化中不可缺少的重要组成部分，成为各行各业工作岗位的必备知识。我国计算机(Computer)的使用推广和普及正高速发展，掌握计算机(Computer)知识和应用技能已成为人们的迫切愿望。
第三段：许多单位把具有一定计算机(Computer)应用知识与能力作为录用、考核工作人员的重要条件。面对这一形势和需要，笔者吸取了国内外最流行、最实用软件的精华编写了这本书，便于读者在最短的时间内学会使用计算机(Computer)。
作者

图 3.6　样文一

【样文 W2.DOC】

在哲学家看来，哲学思考就是感恩，就是对苍天、对闪烁万古不语的星空、对天地神秘的交叉点、对人类人性同哲学家诚挚交谈的一声感激的回答。
诗的灵魂是自由，科学的灵魂是必然，哲学的灵魂则是在自由和必然之间做往返的波动。
哲学决不是丘墓死语的堆砌和引经据典，不是以秉古人之烛为荣光，而是博大胸襟与天籁合调，以宇宙万物为友，时代哀乐为怀，在无极的时空中道出永恒的独语，在一潭深碧似的内心映出一片湛蓝的天。
科学家认为大自然这部最大的书是用数学这种语言写成的，诗人觉得它是用一片云、微风和紫罗兰的摇曳写成的，哲学家则一口咬定大自然是用一些哲学观念和原理写成的。

图 3.7　样文二

【样文 W3.DOC】

Nearly all our food comes from the soil. Some of us eat meat, of course. But animals live on plants. If there were no plants, we would have no animls and no meat. So the soil is necessary for life.
The top of the ground is usually covered with grass or other plants. There may be dead leaves and dead plants on the gress. Plants grow in soil which has a dark colour.
Humus cotains mterials takes from dead plants, and the waste matter from animals also falls on it. This gives it its colour. The soil under the humus is not dark. This lighter soil is rather like sand; it made of bits of rock.

图 3.8　样文三

2. 格式化设置与排版

样文一应用 Word 2003 排版后的效果如图 3.9 所示。

前言

随着科学技术的发展，计算机(Computer)知识已成为人类当代文化中不可缺少的重要组成部分，成为各行各业工作岗位的必备知识。我国计算机(Computer)的使用推广和普及正高速发展，掌握计算机(Computer)知识和应用技能已成为人们的迫切愿望。

许多单位把具有一定计算机(Computer)应用知识与能力作为录用、考核工作人员的重要条件。面对这一形势和需要，笔者吸取了国内外最流行、最实用软件的精华编写了这本书，便于读者在最短的时间内学会使用计算机(Computer)。

作者

图 3.9　样文一的格式化效果图

样文二应用 Word 2003 排版后的效果如图 3.10 所示。

在哲学家看来，哲学思考就是感恩，就是对苍天、对闪烁万古不语的星空、对天地神秘的交叉点、对人类人性同哲学家诚挚交谈的一声感激的回答。

诗的灵魂是自由，科学的灵魂是必然，哲学的灵魂则是在自由和必然之间徘徊迭的流动。

哲学决不是丘墓死语的堆砌和引经据典，不是以秉古人之烛为荣光，而是博大胸襟与天籁合调，以宇宙万物为友，时代哀乐为怀，在无极的时空中道出永恒的独语，在一潭深碧似的内心映出一片湛蓝的天。

科学家认为大自然这部最大的书是用数学这种语言写成的，诗人觉得它是用片云、微风和紫罗兰的摇曳写成的，哲学家则一口咬定大自然是用一些哲学观念和原理写成的。

图 3.10　样文二的格式化效果

样文三应用 Word 2003 排版后的效果如图 3.11 所示。

[1] Nearly all our food comes from the soil. Some of us eat meat, of course. But animals live on plants. If there were no plants, we would have no animls and no meat. So the soil is necessary for life.

[2] The top of the ground is usually covered with grass or other plants. There may be deed leaves and dead plants on the gress. Plants grow in soil which has a dark colour.

[3] Humus cotains mterials takes from dead plants, and the waste matter from animals also falls on it. This gives it its colour. The soil under the humus is not dark. This lighter soil is rather like sand; it made of bits of rock.

图 3.11　样文三的格式化效果

四、操作提示

1. 字体段落格式设置

样文一进行的操作步骤如下：

① 新建一个 Word 文档，命名为[姓名文档 3].doc。

② 第 1 段“前言”设置为隶书、小二号字、居中。

③ 第 2、3 段设置为宋体、五号字、两端对齐、首行缩进 2 个字符。

④ 第 4 段设置为黑体、四号字、右对齐。

⑤ 删除后面的内容。

样文二进行的操作步骤如下：

① 新建一个 Word 文档，命名为[姓名文档 4].doc。

② 设置字体：第 1 段楷体；第 2 段隶书；第 3、4 段仿宋。

③ 设置字号：全文小四。

④ 设置字形：第 2 段下画线(单线)。

⑤ 设置对齐方式：第 1、3、4 段两端对齐。

⑥ 设置段落缩进：全文首行缩进 0.85 厘米；第 2 段左右各缩进 1.5 厘米。

⑦ 设置行(段)间距：全文行距为固定值 20 磅。

样文三进行的操作步骤如下：

①拼写检查：改正文本中的错误单词。

②快捷键 Ctrl + A 选择全文，在格式工具栏“字体”下拉列表中选择“Times New Roman”，在“字号”下拉列表中选择“五号”。

2. 设置项目自动编号

建立样文三，另存为项目符号与编号.doc，效果如图 3.3 所示。具体操作步骤如下：

步骤 1：选择第 1 段到第 3 段，单击菜单栏“格式”|“项目符号和编号”|“编号”选项卡，选择一种编号样式并单击“自定义”，弹出“自定义编号列表”对话框，设置编号样式为[1]。

步骤 2：单击常用工具栏上的“增加缩进量”按钮或在“自定义编号列表”设置制表位和缩进位置，使得自动编号效果如图 3.11 所示。

3. 保存文档

保存文档的方法很多，详见与本实训指导配套的教程。但通常采用的方法是在当前 Word 文档中单击常用工具栏中的“保存”按钮，进行快速保存。

实训三　表格处理

一、实训目的

(1)掌握表格的创建与编辑。

(2)掌握表格的排序与计算。

(3)熟悉表格的其他操作，例如，文本与表格之间的转换、绘制斜线表头、自动套用表格格式等。

二、实训任务

(1)Word 表格处理：创建表格(插入和自绘方式)；将文本转换为表格；调整表格(修改行高和列宽、插入行列、删除行列)；编辑表格(合并单元格、拆分单元格、拆分表格、合并表格、设置单元格内容对齐方式)；格式化表格(修饰边框、修饰底纹)；绘制斜线表头。

(2)表格的排序和计算。

三、实训内容

1. 制作计算机图书清单表

图书清单表格的最终效果如图 3.12 所示，通过制作该表格来练习表格的各种操作，包括：表格的建立、表格行的插入与删除、表格列的插入与删除、拆分与合并单元格、拆分与合并表格、设置单元格对齐方式、设置边框与底纹等操作。

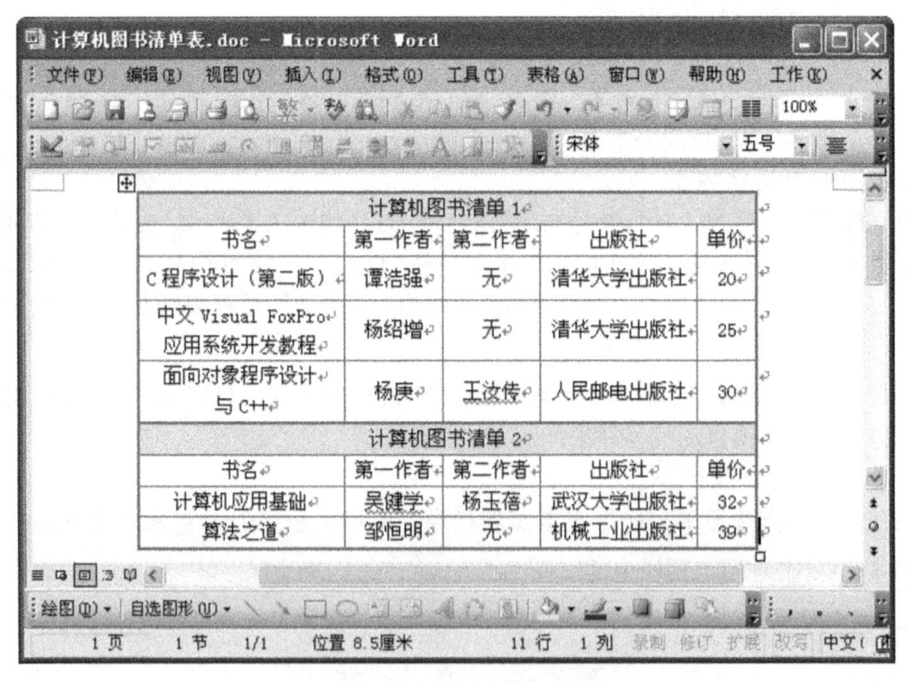

计算机图书清单 1				
书名	第一作者	第二作者	出版社	单价
C 程序设计（第二版）	谭浩强	无	清华大学出版社	20
中文 Visual FoxPro 应用系统开发教程	杨绍增	无	清华大学出版社	25
面向对象程序设计与 C++	杨庚	王汝传	人民邮电出版社	30

计算机图书清单 2				
书名	第一作者	第二作者	出版社	单价
计算机应用基础	吴健学	杨玉蓓	武汉大学出版社	32
算法之道	邹恒明	无	机械工业出版社	39

图 3.12　计算机图书清单表

2. 制作班级成绩单

下面是 2011—2012 年上学期期末考试的某班学生成绩统计文本，其中每一项以制表符断开，将其转换成表格效果如图 3.13 所示。

xxx	计算机基础	大学语文	高等数学	大学英语	思修	总分
罗小兰	95	70	98	80	85	427
高飞	98	68	76	95	85	422
程实	76	95	85	98	68	422
吴榆	89	78	56	95	77	395
陈晶	95	77	89	78	56	395
张明	98	68	76	95	85	422
余晓	89	78	56	95	77	395
黄阳	76	95	85	98	68	422
胡丽	89	78	56	95	77	395
陈晶	95	77	89	78	56	395
刘雪东	76	95	85	98	68	422
刘亮	60	65	70	60	65	320
刘勇	70	75	75	70	65	355
熊圆	80	78	52	95	70	375
亮龙	90	77	89	78	56	390

图 3.13　文本形式的成绩单

最终效果如图 3.14 所示。

科目 姓名	计算机基础	大学语文	高等数学	大学英语	思修	总分
罗小兰	95	70	98	80	85	428
高飞	98	68	76	95	85	422
程实	76	95	85	98	68	422
张明	98	68	76	95	85	422
黄阳	76	95	85	98	68	422
刘雪东	76	95	85	98	68	422
吴榆	89	78	56	95	77	395
陈晶	95	77	89	78	56	395
余晓	89	78	56	95	77	395
胡丽	89	78	56	95	77	395
陈晶	95	77	89	78	56	395
亮龙	90	77	89	78	56	390
熊圆	80	78	52	95	70	375
刘勇	70	75	75	70	65	355
刘亮	60	65	70	60	65	320
平均分	85.07					

图 3.14　成绩单效果

四、操作提示

制作计算机图书清单表格的操作提示如下：

1. 创建并初始化表格

步骤1：单击常用工具栏上的新建按钮，创建一个空白文档，并保存为“图书清单”。

步骤2：单击菜单栏“表格”|“插入”|“表格”，弹出“插入表格”对话框，如图3.15所示，“列数”设置为“3”，“行数”设置为“6”。单击“确定”，就插入了一个6行3列的表格。

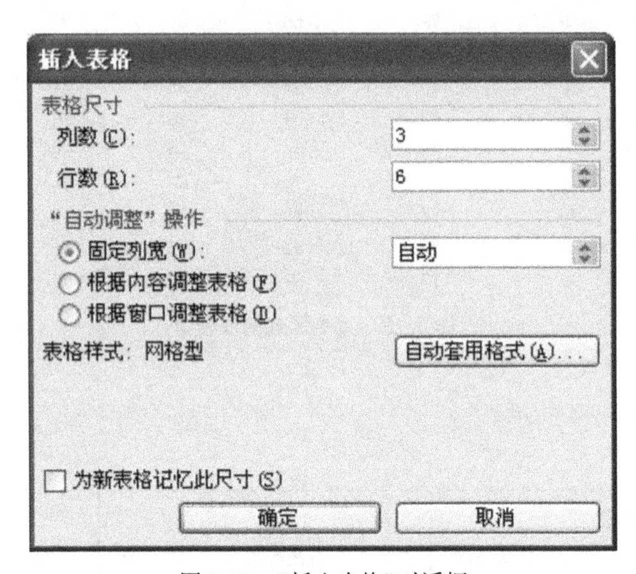

图3.15 “插入表格”对话框

步骤3：在表格中输入文字，结果如图3.16所示。

2. 表格行与列的操作

(1)插入行。

在表格第四行的后面插入一新行，并输入“中文Visual FoxPro应用系统开发教程|杨绍增|清华大学出版社”。

步骤1：单击表格第四行中的任意位置，使光标放于第四行中。

步骤2：单击“表格”|“插入”|“行(在下方)”，在第四行的后面插入一空白行。

步骤3：按操作要求在该空白行中输入相应的文字。

(2)插入列。

在表格最后一列的后面再增加一个单价列。

步骤1：单击表格最后一列(第三列)中的任意位置，使光标放于最后一列中。

步骤2：单击“表格”|“插入”|“列(在右侧)”，在第三列的右侧插入一空白列。

步骤3：按操作要求在该空白行中输入相应的文字。插入行列后的表格效果如图3.17所示。

(3)删除行。

删除表格的第二行，操作步骤是：单击表格第二行中的任意位置，单击“表格”|“删

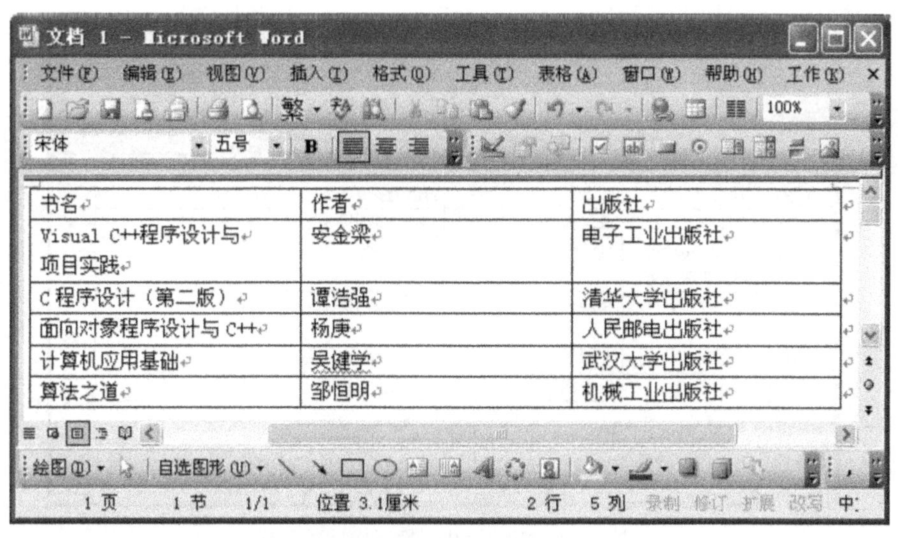

书名	作者	出版社
Visual C++程序设计与项目实践	安金梁	电子工业出版社
C 程序设计（第二版）	谭浩强	清华大学出版社
面向对象程序设计与 C++	杨庚	人民邮电出版社
计算机应用基础	吴健学	武汉大学出版社
算法之道	邹恒明	机械工业出版社

图 3.16　初始化表格

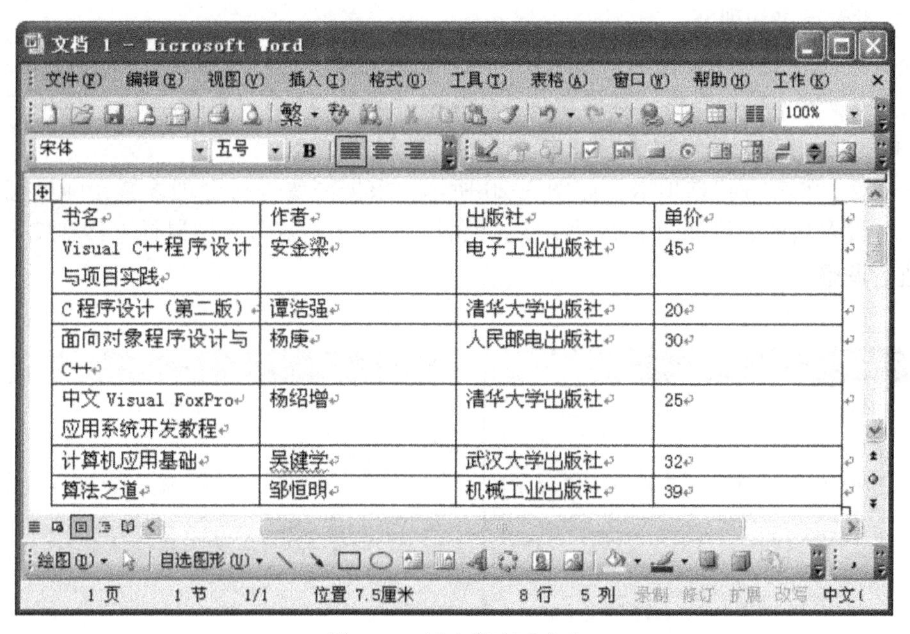

书名	作者	出版社	单价
Visual C++程序设计与项目实践	安金梁	电子工业出版社	45
C 程序设计（第二版）	谭浩强	清华大学出版社	20
面向对象程序设计与 C++	杨庚	人民邮电出版社	30
中文 Visual FoxPro 应用系统开发教程	杨绍增	清华大学出版社	25
计算机应用基础	吴健学	武汉大学出版社	32
算法之道	邹恒明	机械工业出版社	39

图 3.17　插入行列后表格

除”|“行”。

(4)交换行。

交换表格中第三行和第四行的内容。操作步骤是：选中表格第四行内容，用鼠标将其拖曳至第三行的前面，即可完成两行内容的互换操作。删除行和交换行之后的表格效果如图 3.18 所示。

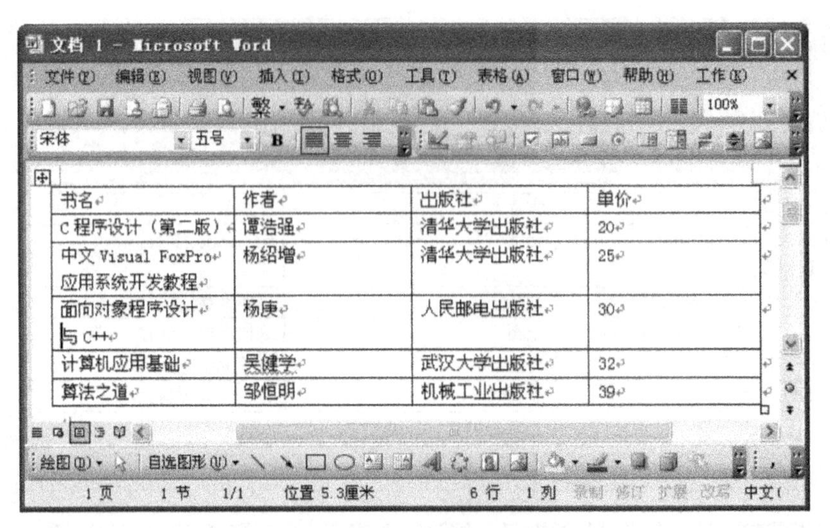

图 3.18　删除行和交换行之后的表格

(5)设置行高和列宽。

将表格行高设为 0.8 厘米，列宽设为较合适的宽度。操作步骤是：

步骤 1：选中整个表格，然后单击“表格”|“表格属性”，再单击“行”选项卡，点选“指定高度”，并将行高设置为“0.8 厘米”，如图 3.19 所示。

步骤 2：单击“列”选项卡，如图 3.20 所示，根据需要进行合理设置，即可完成列宽的设置，设置后的表格如图 3.21 所示。(说明：行高和列宽常采用鼠标直接拖曳表格线的方法进行调整)

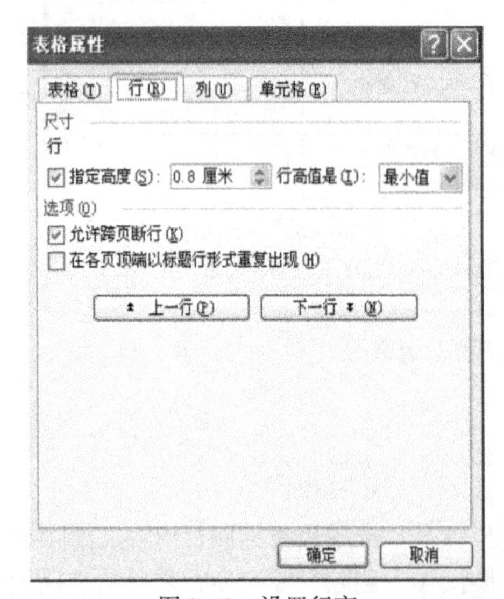

图 3.19　设置行高

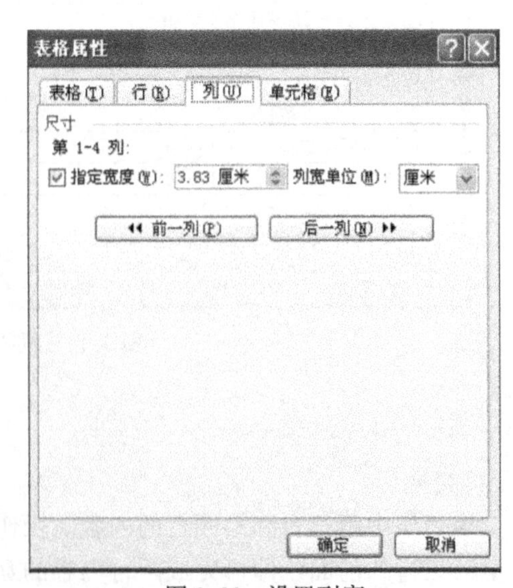

图 3.20　设置列宽

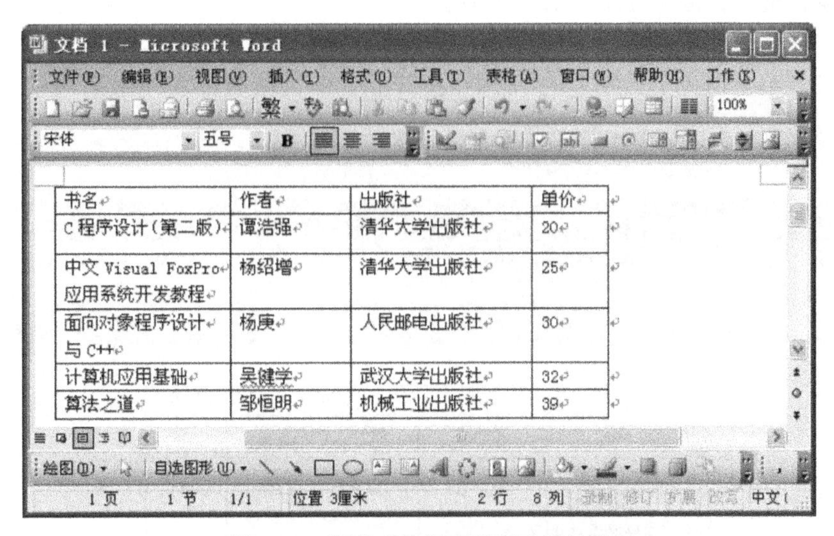

图 3.21　调整表格行高列宽后的效果

3. 设置对齐方式

(1)设置表格各单元格中的文字在水平和垂直方向都居中。

步骤 1：选中表格的所有单元格。

步骤 2：右击鼠标，在随后出现的快捷菜单中选择“单元格对齐方式”级联菜单中的“水平垂直居中”菜单项，如图 3.22 所示，使表格文字在水平方向和垂直方向都居中，设置后的表格效果如图 3.23 所示。

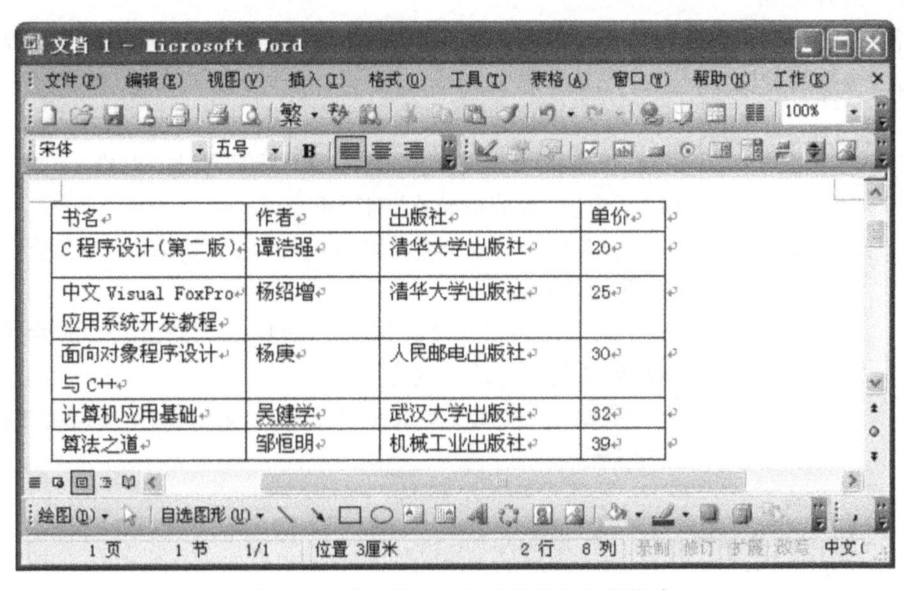

图 3.22　单元格对齐方式设置的级联菜单

(2)设置整个表格在页面上水平居中。

步骤1：选中整个表格。

步骤2：单击格式工具栏上的“居中”按钮，即可使整个表格水平居中，如图3.23所示。

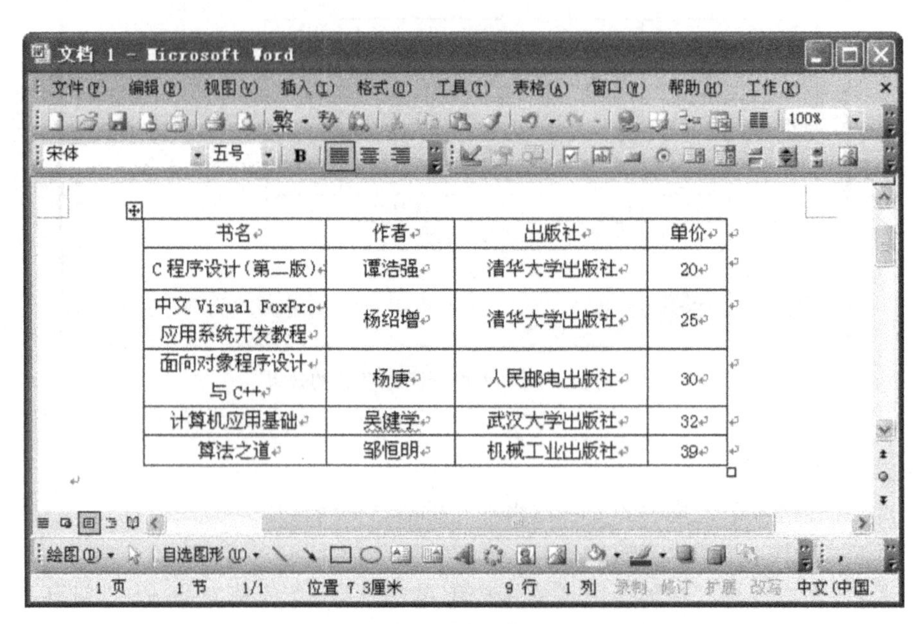

图3.23 表格及表格内容都居中效果图

4. 拆分单元格

将表格的第二列拆分为两列，内容如表3.1所示，行高仍为0.8厘米，列宽根据需要调整为较合适的宽度。

表3.1 将第2列拆分为两列

第一作者	第二作者
谭浩强	无
杨绍增	无
杨庚	王汝传
吴健学	杨玉蓓
邹恒明	无

操作步骤如下：

步骤1：选中表格的第二列，然后单击“表格”|“拆分单元格”，弹出“拆分单元格”对话框。

步骤2：将“列数”设置为2，并取消复选框“拆分前合并单元格”前面的勾选号。

步骤3：单击“确定”按钮，表格第二列被拆分成两列，然后调整列宽为较合适的宽度。

步骤4：按操作要求在单元格内输入相应的内容，结果如图3.24所示。

5. 拆分表格

(1)将整个表格从第五行处拆分成两个表格。

操作步骤如下：

步骤1：单击表格第五行中的任意位置，使光标放于第五行中。

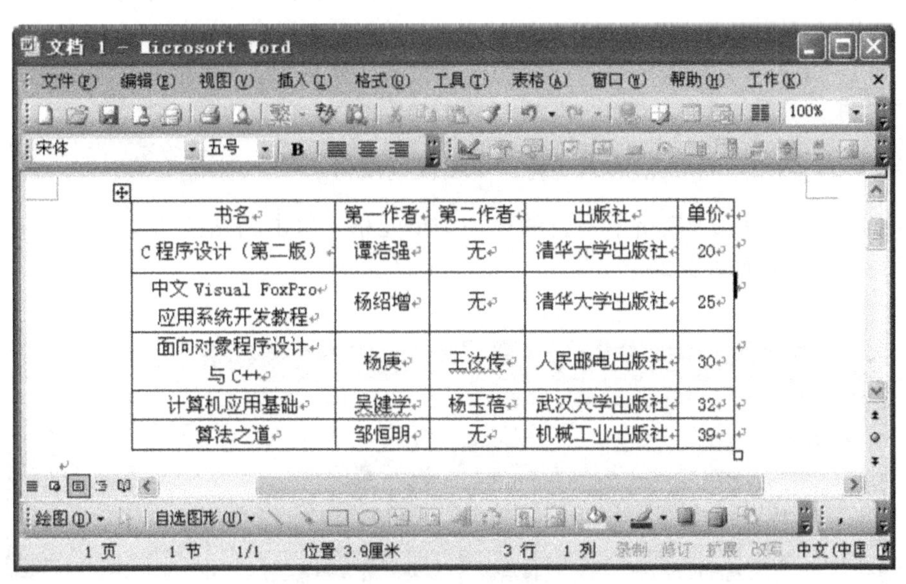

图 3.24　拆分第二列的所有单元格

步骤 2：单击“表格”|“拆分表格”菜单项，使整个表格被拆分成两个表格。如图 3.25 所示。

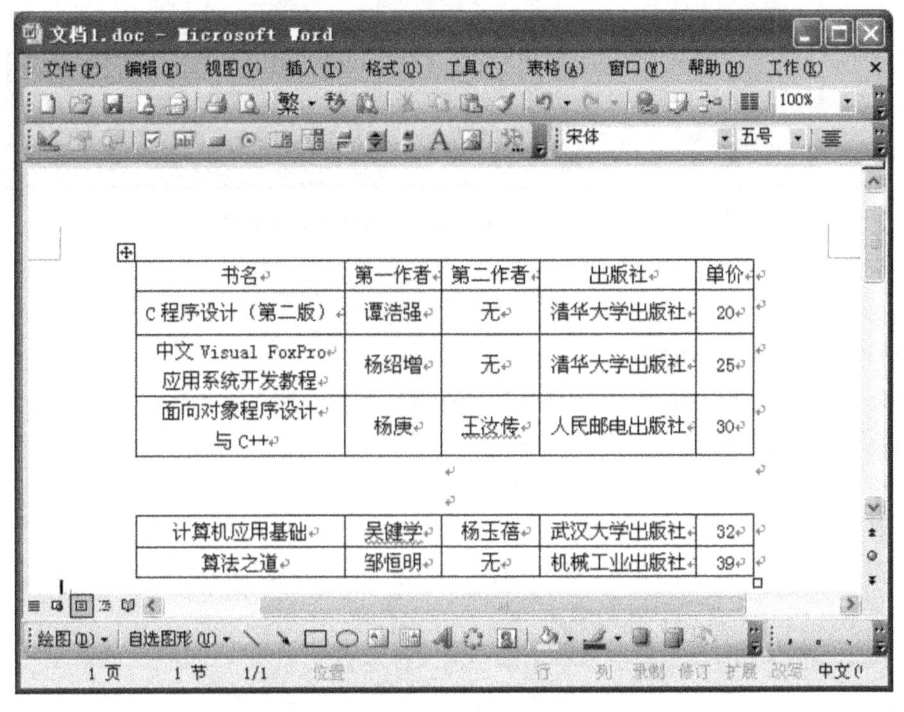

图 3.25　拆分整个表

(2)复制第一个表格的第一行，并将其插入在第二个表格的第一行前。

操作步骤如下：

步骤1：单击第二个表格第一行中的任意位置，然后单击“表格”|“插入”|“行(在上方)”。

步骤2：选中第一个表格的第一行，单击复制按钮或按Ctrl+C键。

步骤3：单击第二个表格第一行的第一个单元格，单击粘贴按钮或按Ctrl+V键。复制后的表格效果如图3.26所示。

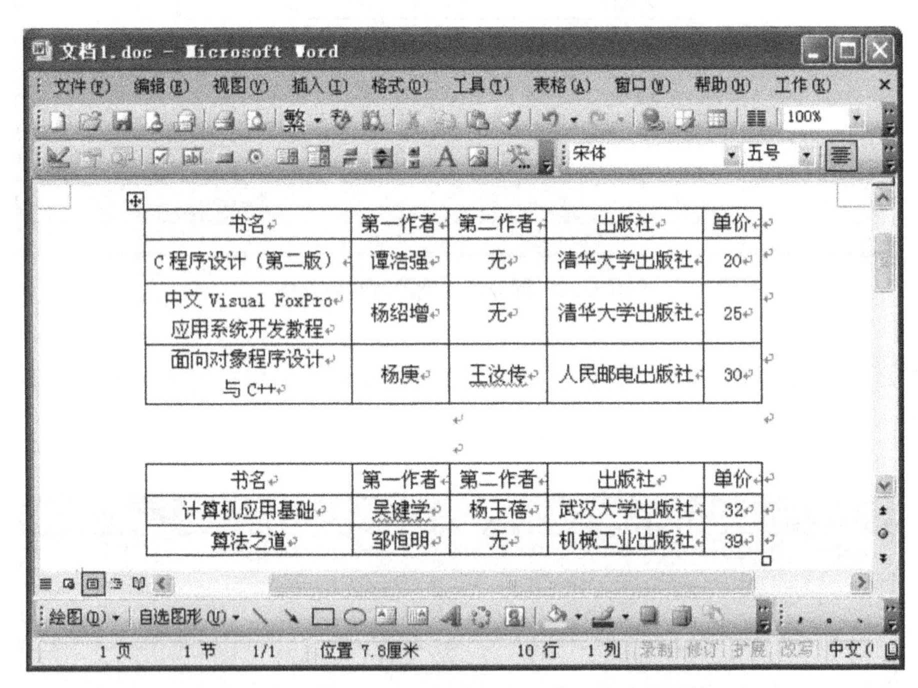

书名	第一作者	第二作者	出版社	单价
C程序设计（第二版）	谭浩强	无	清华大学出版社	20
中文Visual FoxPro应用系统开发教程	杨绍增	无	清华大学出版社	25
面向对象程序设计与C++	杨庚	王汝传	人民邮电出版社	30

书名	第一作者	第二作者	出版社	单价
计算机应用基础	吴健学	杨玉蓓	武汉大学出版社	32
算法之道	邹恒明	无	机械工业出版社	39

图3.26 复制第一个表格的第一行到第二个表格的第一行

6. 合并单元格

(1)设置第一个表格的标题。

给第一个表格加上一个横跨表格各列的标题行“计算机图书清单1”，并使其中文字在水平和垂直方向都居中。操作步骤如下：

步骤1：单击第一个表格第一行中任意位置。

步骤2：单击“表格”|“插入”|“行(在上方)”。

步骤3：选中第一个表格第一行中的所有单元格，单击“表格”|“合并单元格”，将新行中的单元格合并成一个单元格。

步骤4：按操作要求在该空白单元格中输入标题行文字“计算机图书清单1”。

步骤5：选中该标题行，右击鼠标，在随后出现的快捷菜单中选择“对齐方式”级联菜单中的“水平垂直居中”菜单项，使标题行文字在水平方向和垂直方向都居中。

(2)设置第二个表格的标题。

给第二个表格加上一个横跨表格各列的标题行“计算机图书清单 2”，并使其中文字在水平和垂直方向都居中。操作方法同上，操作完毕后，表格效果如图 3.27 所示。

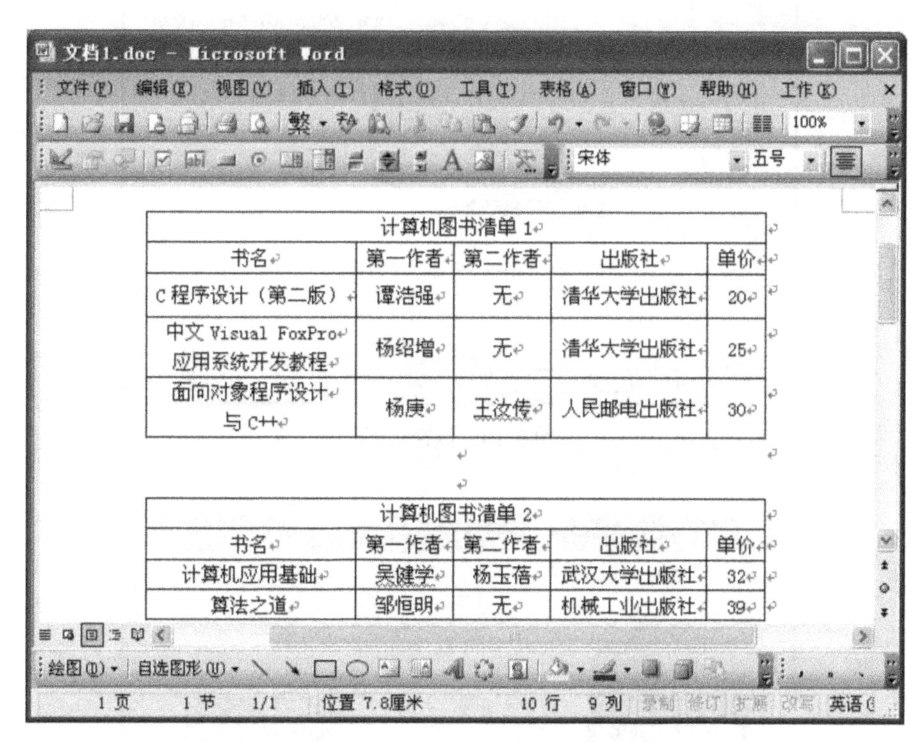

计算机图书清单 1				
书名	第一作者	第二作者	出版社	单价
C 程序设计（第二版）	谭浩强	无	清华大学出版社	20
中文 Visual FoxPro 应用系统开发教程	杨绍增	无	清华大学出版社	25
面向对象程序设计与 C++	杨庚	王汝传	人民邮电出版社	30

计算机图书清单 2				
书名	第一作者	第二作者	出版社	单价
计算机应用基础	吴健学	杨玉蓓	武汉大学出版社	32
算法之道	邹恒明	无	机械工业出版社	39

图 3.27　为两个表格添加标题

7. 设置边框和底纹

(1)设置表格边框。

将两个表格边框设置为 1.5 磅粗、蓝色。操作步骤如下：

步骤 1：选中第一个表格。

步骤 2：单击“格式”|“边框与底纹”，打开“边框与底纹”对话框。

步骤 3：单击“边框”选项卡，在“设置”区选择“网格”，在“颜色”列表框中选择“蓝色”，再将“宽度”设为“1.5 磅”，如图 3.28 所示。

步骤 4：单击“确定”。

步骤 5：用同样方法，给第二个表格加上外边框。

(2)设置表格底纹。

给两个表格的标题行加上 12.5%的灰色底纹。操作步骤如下：

步骤 1：选中第一个表格的第一行。

步骤 2：单击“格式”|“边框和底纹”，打开“边框和底纹”对话框。

步骤 3：单击“底纹”选项卡，在“填充”区选择“灰色-12.5%”，如图 3.29 所示。

步骤 4：单击“确定”。

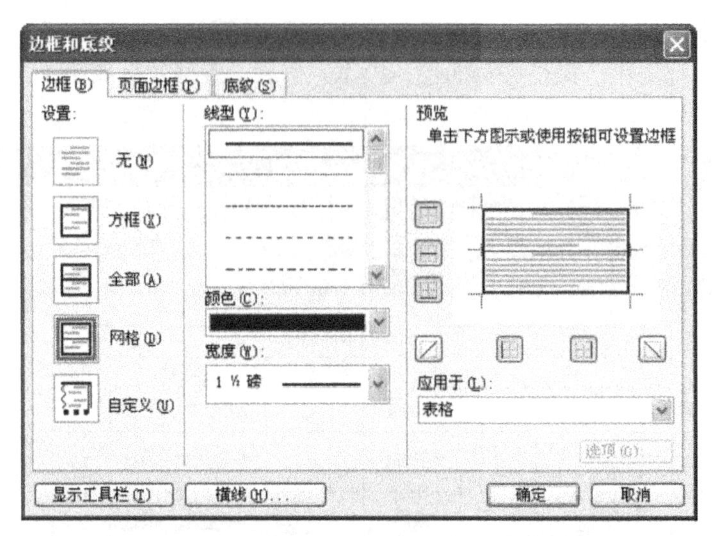

图 3.28　设置边框

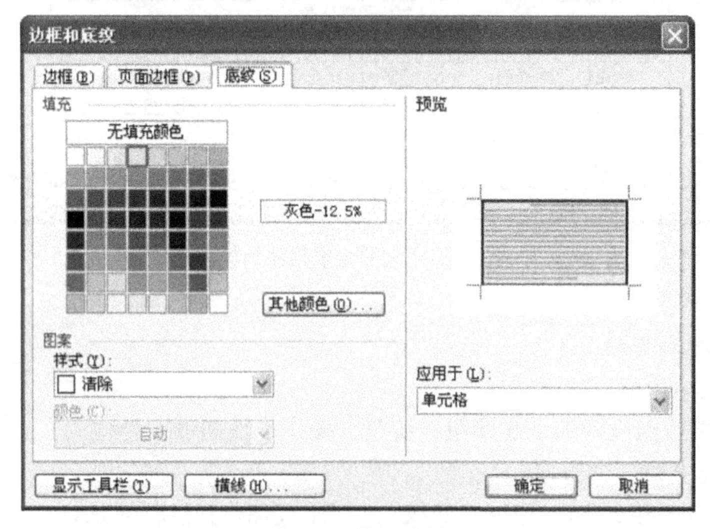

图 3.29　设置底纹

步骤 5：用同样方法，为第二个表格的标题行加上 12.5%的灰色底纹。

表格设置边框和底纹后的效果如图 3.30 所示。

8. 合并表格

合并两个表格，合并后的表格如图 3.12 所示。操作方法是：删除两表格间的回车键，即可合并两表格。

9. 保存

单击“文件”|“保存”(或按 Ctrl+S 快捷键)，输入文件名“计算机图书清单表”，生成文档“计算机图书清单表.doc”。

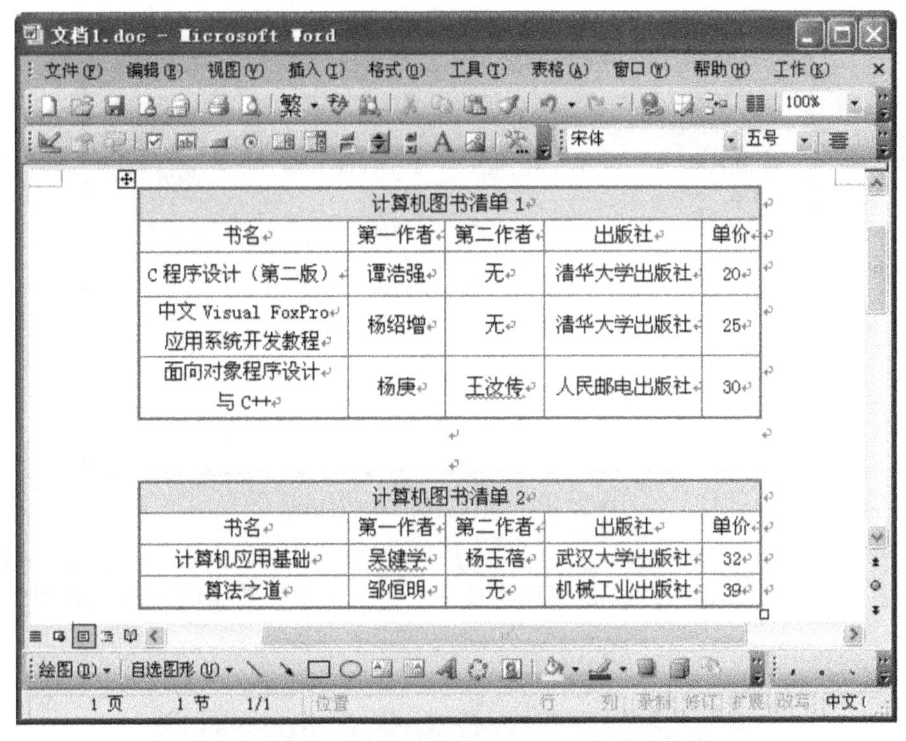

计算机图书清单 1				
书名	第一作者	第二作者	出版社	单价
C 程序设计（第二版）	谭浩强	无	清华大学出版社	20
中文 Visual FoxPro 应用系统开发教程	杨绍增	无	清华大学出版社	25
面向对象程序设计与 C++	杨庚	王汝传	人民邮电出版社	30

计算机图书清单 2				
书名	第一作者	第二作者	出版社	单价
计算机应用基础	吴健学	杨玉蓓	武汉大学出版社	32
算法之道	邹恒明	无	机械工业出版社	39

图 3.30　设置边框和底纹后的表格

班级成绩单处理的操作提示如下：

1. 将文本转换成表格

在 Word 中打开这个文本文档，或者直接输入这些内容，然后将其全部选中，执行“表格”|“转换”|“文本转换成表格”命令，弹出“文本转换成表格”对话框。将“列数”设置为“7”，在“文字分割位置”栏中选中“制表符”单选钮，最后单击“确定”按钮，表格生成。

2. 绘制斜线表头

将光标定位在第一行第一列，然后执行“表格”|“绘制斜线表头”命令，弹出“插入斜线表头”对话框，如图 3.31 所示。选择表头样式为“样式一”，行和列标题分别输入“科目”和“姓名”。

3. 调整表格

在表格的最上方给表格添加一个标题。选中第一个单元格，执行“表格”|“插入”|“行”命令，然后合并插入行的单元格，并输入标题“2011—2012 年上学期 11 级小教班期末考试成绩”，接着将表格的对齐方式全部设置为“垂直居中对齐”。

4. 数据排序

下面我们要对总分进行排序。选中“总分”下面的一列，再选中“表格”|“排序”命令，弹出“排序”对话框，如图 3.32 所示。在其中设置“主要关键字”为“列 7”，类型为

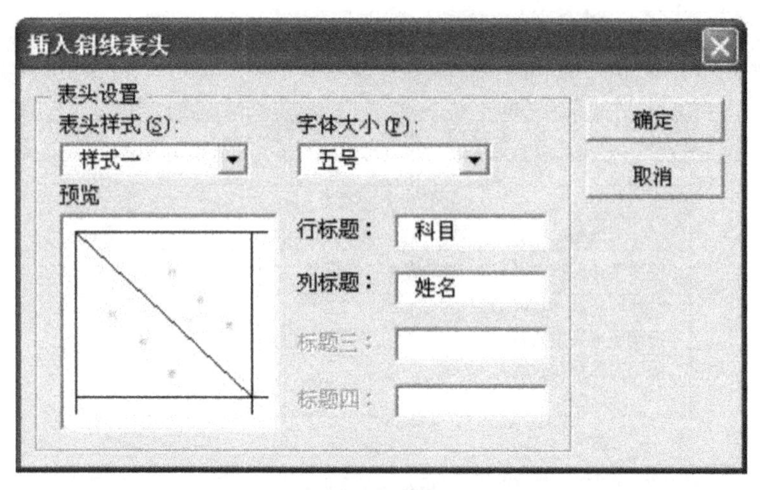

图 3.31 "插入斜线表头"对话框

"数字"，按照"降序"排列，单击"确定"按钮后，表格中的数据就按照从高到低的顺序排列。

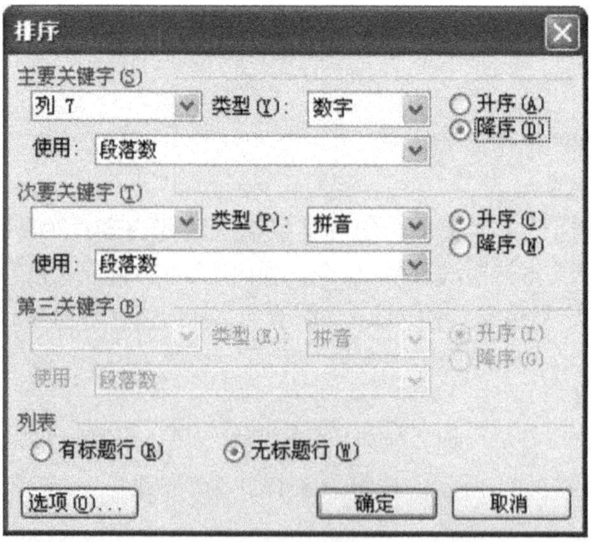

图 3.32 对表格关键字进行排序对话框

5. 计算单科平均数

下面我们计算一下《计算机基础》课程的平均分。

步骤 1：在表格的下方插入一行，再在插入行的第一个单元格内输入"平均分"。

步骤 2：将光标定位在第二个单元格内，然后选择"表格"|"公式"命令，弹出"公式"对话框，如图 3.33 所示。在"公式"栏内输入"=sum(ABOVE)/15"后，单击"确定"按

钮，《计算机基础》平均分就算出来了。其中 15 是学生人数。

xxx	计算机基础	大学语文	高等数学	大学英语	思修	总分
罗小兰	95	70	98	80	85	427
高飞	98	68	76	95	85	422
程实	76	95	85	98	68	422
吴榆	[illegible]	[illegible]	[illegible]	[illegible]	77	395
陈晶	[illegible]	[illegible]	[illegible]	[illegible]	56	395
张明	[illegible]	[illegible]	[illegible]	[illegible]	85	422
余晓	[illegible]	[illegible]	[illegible]	[illegible]	77	395
黄阳	[illegible]	[illegible]	[illegible]	[illegible]	68	422
胡丽	[illegible]	[illegible]	[illegible]	[illegible]	77	395
陈晶	[illegible]	[illegible]	[illegible]	[illegible]	56	395
刘雪东	[illegible]	[illegible]	[illegible]	[illegible]	68	422
刘亮	[illegible]	[illegible]	[illegible]	[illegible]	65	320
刘勇	70	75	75	70	65	355
熊圆	80	78	52	95	70	375
亮龙	90	77	89	78	56	390
平均分	85.07					

公式

公式(F):

=SUM(ABOVE)/15

数字格式(N):

粘贴函数(U):　粘贴书签(B):

确定　取消

图 3.33　应用公式求平均数

6. 域的更新

Word 还有一个优点，比如我们发现张三的大学语文成绩输入错了，那么将他的分数改正后，总分和平均分也要改正，这时只需选中张三的分数所在的单元格，单击鼠标右键，在快捷菜单中选中“更新域”命令，平均分就被改正了。如果总分是通过公式计算出来的，那么使用同样的方法也可以更新总分。

☞**提示**：若需对成绩单进行保密，则执行“工具”|“选项”命令|“选项”对话框|“安全性”选项卡，接着输入“打开文件时的密码”和“修改文件时的密码”，单击“确定”按钮，在弹出的“确认密码”对话框中输入刚才设置的两个密码。将文档保存后，再次打开该文档，就会弹出对话框，要求用户输入打开文档的密码和修改文档的密码，这样就起到了保护文档的作用。

实训四　图文混排

一、实训目的

(1)掌握艺术字的制作、编辑与设置方法。

(2)掌握图片的插入、编辑与格式化方法。

(3)掌握文本框的使用与设置方法。
(4)掌握图片和文字混合排版的方法。

二、实训任务

(1)制作艺术字。
(2)剪贴画的搜索、插入与设置。
(3)来自文件的图片的插入与设置。
(4)文本框的使用。
(5)图文混排的设置技巧。

三、实训内容

使用 Word 2003 建立“荷塘月色 . doc”文档，并准备相关的图片素材，进行图文混排，最终的效果如图 3. 34 所示。通过该实例练习艺术字的制作、文件图片的插入与设置、剪贴画的插入与设置、文本框的应用等操作。

图 3. 34 “荷塘月色”图文混排效果

四、操作提示

1. 准备工作

创建“荷塘月色 . doc”文档，将标题和作者删除，选择保留其中的两个段落，如图 3. 35 所示。

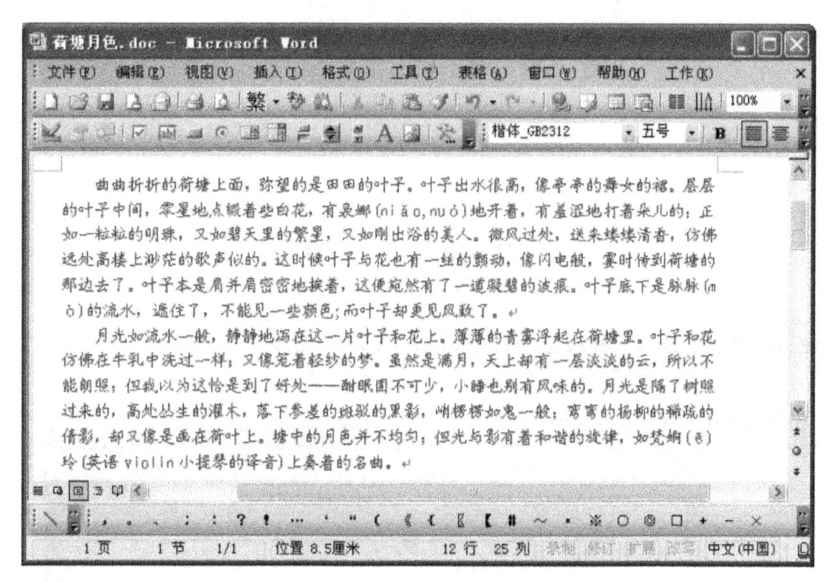

图 3. 35　“荷塘月色”文档的部分内容

2. 制作艺术字标题

步骤 1：单击第一段上方的空白行，然后单击“插入”|“图片”|“艺术字”，打开“艺术字库”对话框，如图 3. 36 所示。

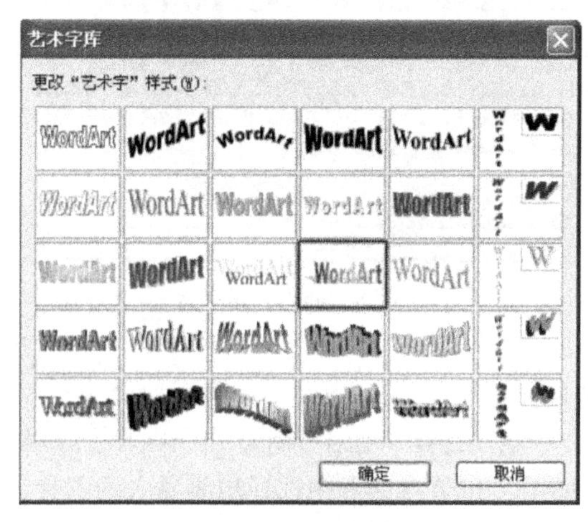

图 3. 36　“艺术字库”对话框

步骤2：在“艺术字库”对话框中单击第三行第四列的艺术字样式，然后单击“确定”，打开“编辑艺术字”对话框，在该对话框的“文字”下方的方框中输入“荷塘月色”四个字并设置：字体为“华文行楷”、字号为“48”、字形为“粗体”，如图3.37所示。

图3.37 “编辑艺术字”对话框

步骤3：单击“确定”，插入艺术字标题后的文档如图3.38所示。

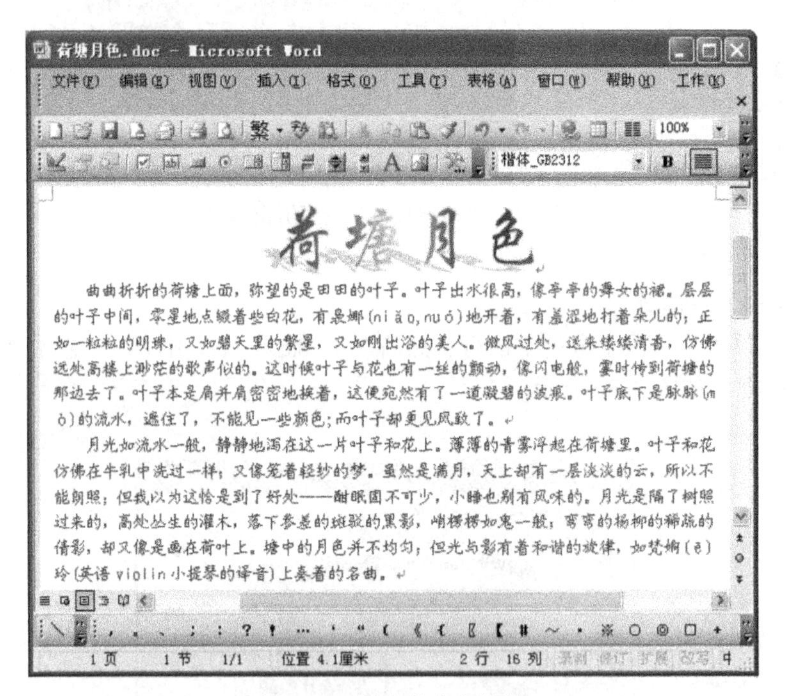

图3.38 插入艺术字标题

3. 插入来自文件的图片

步骤1：将光标定位于第一段中，单击“插入”|“图片”|“来自文件”，打开“插入图片”对话框，如图3.39所示，在该对话框中选择想要插入的图片，这里选择的图片文件是“Water lilies0.jpg”，然后单击“插入”按钮。

步骤2：双击插入的图片，打开“设置图片格式”对话框。单击“大小”选项卡，取消

图 3.39　“插入图片”对话框

锁定纵横比，设置高度为“3.5 厘米”、宽度为“4.5 厘米”，如图 3.40 所示。单击“版式”选项卡，设置环绕方式为“四周型”、水平对齐方式为“居中”，如图 3.41 所示。最后单击“确定”按钮，将图片插入到文档中。

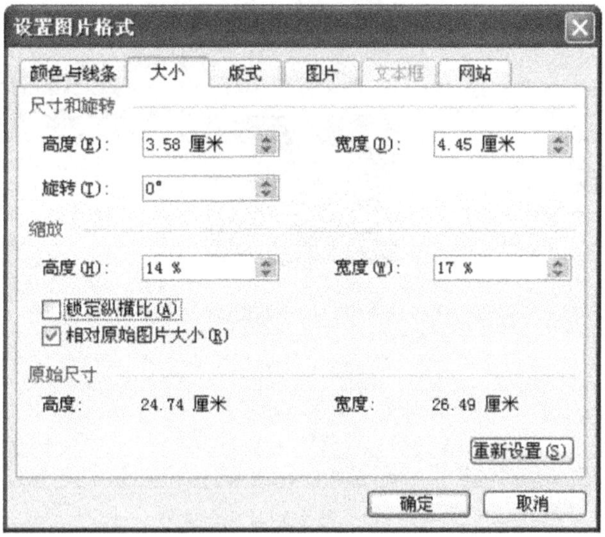

设置图片格式
颜色与线条　大小　版式　图片　文本框　网站
尺寸和旋转
高度(E):　3.58 厘米　宽度(D):　4.45 厘米
旋转(T):　0°
缩放
高度(H):　14 %　宽度(W):　17 %
锁定纵横比(A)
相对原始图片大小(R)
原始尺寸
高度:　24.74 厘米　宽度:　26.49 厘米
重新设置(S)
确定　取消

图 3.40　设置图片的大小

步骤 3：按 Ctrl+方向键上下移动图片至合适位置，文档效果如图 3.42 所示。

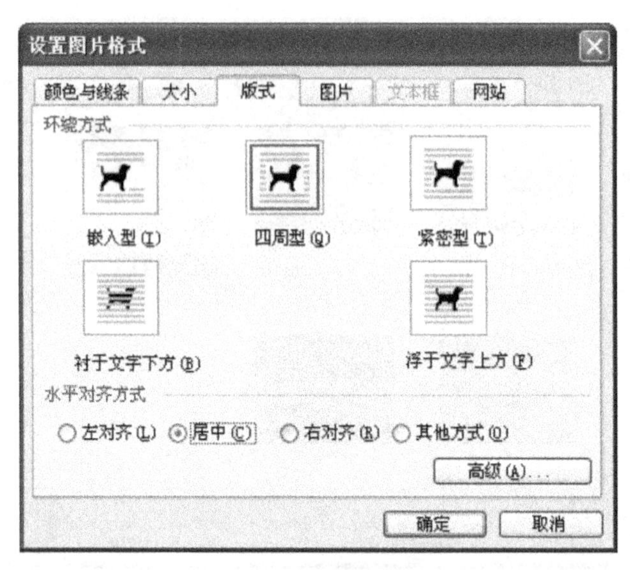

图 3.41　设置图片的版式

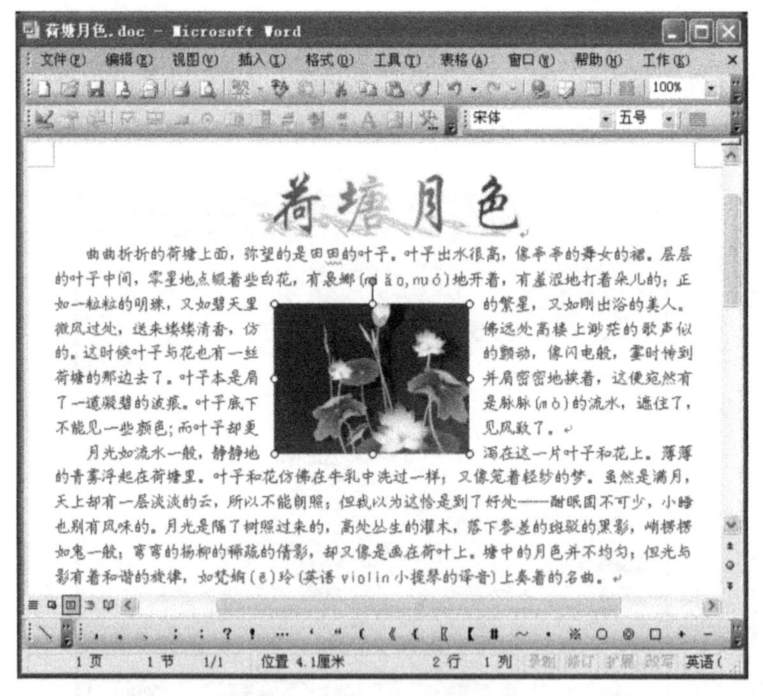

图 3.42　插入图片后的文档

4. 插入剪贴画

步骤 1：将光标定位于第二段中，单击“插入”|“图片”|“剪贴画”，打开“剪贴画”任务窗格，在“搜索文字”框中输入“荷花”，“搜索范围”选择“所有收藏集”，“结果类型”

选择“选中的媒体文件类型”，然后单击“搜索”按钮，在下面的空白区域将列出搜索到的剪贴画，如图 3. 43 所示(注意：因为用到的是 Internet 网络上的图片，所以计算机必须保持联网状态)。

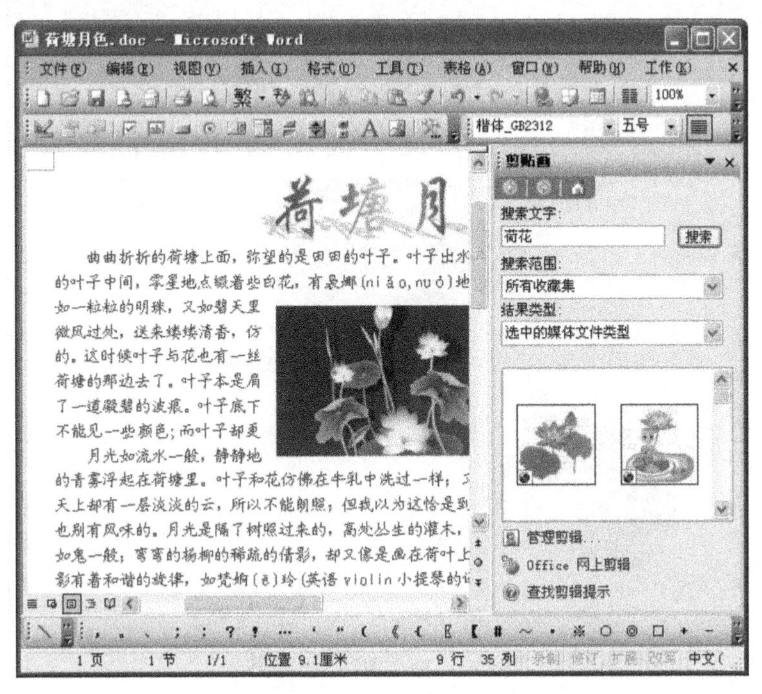

图 3. 43　剪贴画任务窗格

步骤 2：在搜索到的剪贴画列表中查找自己所需要的剪贴画，找到后单击它即可将其插入到文档中。插入剪贴画后的初始文档效果如图 3. 44 所示。

步骤 3：双击插入的剪贴画，打开“设置图片格式”对话框。单击“大小”选项卡，设置高度为“4. 37 厘米”、宽度为“4. 82 厘米”。单击“版式”选项卡，环绕方式设置为“四周型”。设置完成后，单击“确定”按钮。

步骤 4：按 Ctrl+方向键移动剪贴画至合适位置，然后单击图片工具栏的增加亮度按钮若干次，适当增加剪贴画的亮度。

5. 插入文本框

步骤 1：单击“插入”|“文本框”|“竖排”，在文档的适当位置画一个竖排文本排。(说明：如果自动出现图形编辑框的话，可以按 Esc 键取消它，然后再画文本框)

步骤 2：设置文本框大小：双击文本框，打开“设置文本框格式”对话框。单击“大小”选项卡，设置高度为“1. 1 厘米”、宽度为“13. 97 厘米”。

步骤 3：设置文本框阴影：单击绘图工具栏上的阴影样式按钮，选择阴影样式 14。

步骤 4：为文本框添加文本：单击文本框内部添加“荷叶五寸荷花娇，贴波不碍画船摇；相到薰风四五月，也能遮却美人腰！”文本，并将文本字号设置为“小四”、字体为“华

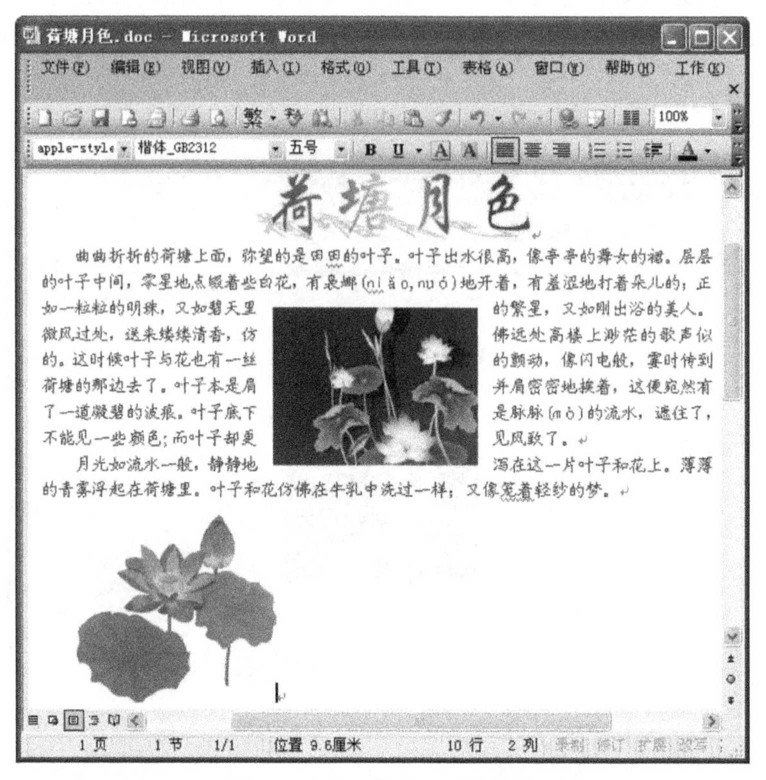

图 3.44　插入剪贴画后的效果

文行楷"。

步骤 5：将文本框移至正文的最下方合适的位置。

全部设置完成后，文档的最终效果如图 3.34 所示。

6. 另存文档

单击"文件"|"另存为"，在文件名处输入"荷塘月色(图文混排)"，生成文档"荷塘月色(图文混排).doc"。

实训五　版面设计与打印输出

一、实训目的

(1)能够根据实际需要进行页面设置。

(2)掌握页眉和页脚的使用方法。

(3)掌握对整篇文档或文档的部分内容进行分栏的方法。

(4)进一步熟悉字符格式和段落格式的设置方法。

(5)进一步熟悉艺术字、图片、文本框的插入方法和图文混排操作。
(6)掌握打印预览和打印输出操作。

二、实训任务

(1)页面设置操作。
(2)页眉、页脚与插入页码操作。
(3)分栏操作。
(4)图文混排操作。
(5)文档打印操作。

三、实训内容

建立“想象力与音乐 . doc”文档，并对其进行版面设计，使其最终预览效果如图 3. 45 所示，并将其打印出来。

艺术与哲学的断想　　1

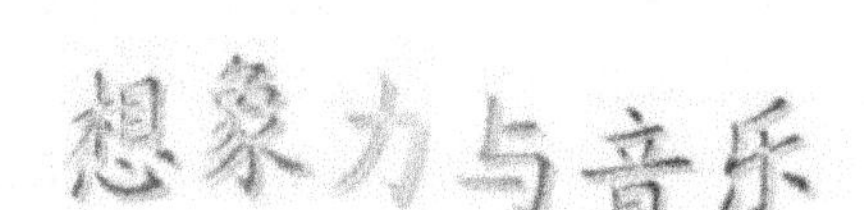

想象力恐怕是人类所特有的一种天赋，其它动物缺乏想象力，所以不会有创造。在人类一切创造性活动中，尤其是科学、艺术和哲学创作，想象力都占有重要的地位。因为所谓人类的创造并不是别的，而是想象力产生出来的最美妙的作品。

如果音乐作品能像一阵秋风，在你的心底激起一些诗意的幻想和一缕缕真挚的思恋精神家园的情怀，那就不仅说明这部作品是成功的，感人肺腑的，而且也说明你真的听懂了它，说明你和作曲家、演奏家在感情上发生了深深的共鸣。

音乐这门抽象的艺术，本是一个充满着诗情画意、浮想连翩的幻想王国。这个王国的大门，对于一切具有音乐想象力、多少与作曲家有着相应内在生活经历和心路历程的听众，都是敞开着的，就像秋光千里、白云蓝天对每个人都是敞开的一样。

贝多芬的田园交响乐，只对那些内心向往着大自然的景色（暴风雨、蜿蜒的小溪、鸟鸣、树林和在微风中摇曳的野草闲花蕊）的灵魂才是倍感亲切的。或者说，只有那些多少懂得自然界具有内在精神价值的人，才能在田园交响乐的旋律中获得慰藉和精神力量，才能用自己的想象力建造自己的精神家园。因为说到底，想象力的最大用处就是建造人的精神家园，找到安身立命的地方。

音乐的本质，实在是人的心灵借助于想象力，用曲调、节奏和和声表达自己怀乡、思归和寻找精神家园的一种文化活动。

贝多芬（1770-1827）德国作曲家，维也纳古典乐派代表人物之一

图 3. 45　“想象力与音乐”版面设计最终效果图

四、操作提示

对“想象力与音乐 . doc”样文进行版面设计与打印操作具体步骤如下：

1. 准备工作

准备好如下样文及样图。

“样文-想象力与音乐 . doc”

想象力与音乐

想象力恐怕是人类所特有的一种天赋。其他动物缺乏想象力，所以不会有创造。在人类一切创造性活动中，尤其是科学、艺术和哲学创作，想象力都占有重要的地位。因为所谓人类的创造并不是别的，而是想象力产生出来的最美妙的作品。

如果音乐作品能像一阵秋风，在你的心底激起一些诗意的幻想和一缕缕真挚的思念精神家园的情怀，那就不仅说明这部作品是成功的，感人肺腑的，而且也说明你真的听懂了它，说明你和作曲家、演奏家在感情上产生了深深的共鸣。

音乐这门抽象的艺术，本是一个充满着诗情画意、浮想联翩的幻想王国。这个王国的大门，对于一切具有音乐想象力、多少与作曲家有着相应内在生活经历和心路历程的听众，都是敞开着的，就像秋光千里、白云蓝天对每个人都是敞开的一样。

贝多芬的田园交响乐，只对那些内心向往着大自然的景色(暴风雨、蜿蜒的小溪、鸟鸣、树林和在微风中摇曳的野草闲花蕊)的灵魂才是备感亲切的。或者说，只有那些多少懂得自然界具有内在精神价值的人，才能在田园交响乐的旋律中获得慰藉和精神力量，才能用自己的想象力建造自己的精神家园。因为说到底，想象力的最大用处就是建造人的精神家园，找到安身立命的地方。

音乐的本质，实际是人的心灵借助于想象力，用曲调、节奏和和声表达自己怀乡、思归和寻找精神家园的一种文化活动。

“样图-音乐 . wmf”

2. 设置纸张类型和页边距

步骤1：单击“文件”|“页面设置”，弹出“页面设置”对话框。

步骤2：在“页面设置”对话框中，单击“纸张”选项卡，打开设置纸张类型对话框，在“纸张大小”列表框中选择“自定义”，宽度为20厘米，高度为29厘米，如图3.46所示。然后单击“页边距”选项卡，将上、下、左、右页边距按实际需要进行设置(这里全部设置为“2.2厘米”)，纸张方向选择“纵向”，如图3.47所示。最后单击“确定”。

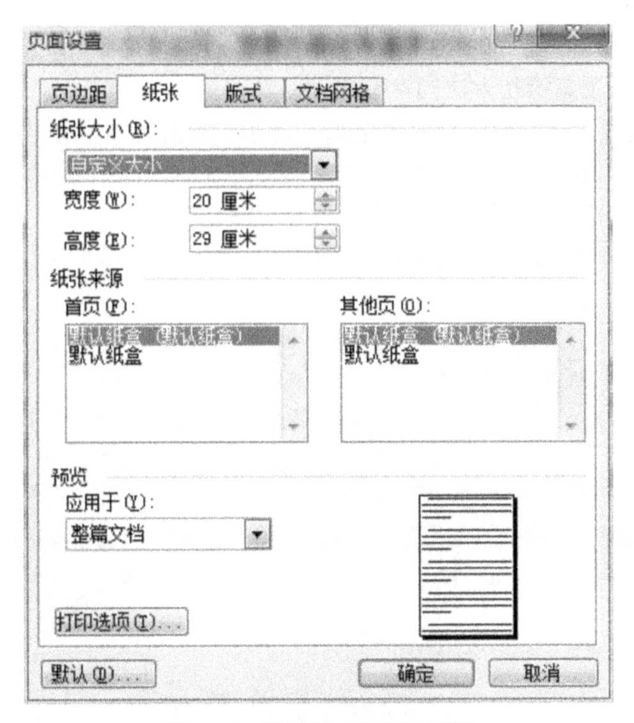

图 3.46 设置纸张类型对话框

图 3.47 设置页边距对话框

3. 设置艺术字

步骤1：单击第一段上方的空白行，然后单击“插入”|“图片”|“艺术字”，打开“艺术字库”对话框，接下来操作方法同本章实训四。

步骤2：在“艺术字库”对话框中单击第3行第4列的艺术字样式，然后单击“确定”，打开“编辑艺术字”对话框，在该对话框的“文字”下方的方框中输入“想象力与音乐”五个字并将字体设置为“楷体”，字号为“48”，字形为“粗体”。

步骤3：单击“确定”，插入艺术字标题后的文档如图3.48所示。

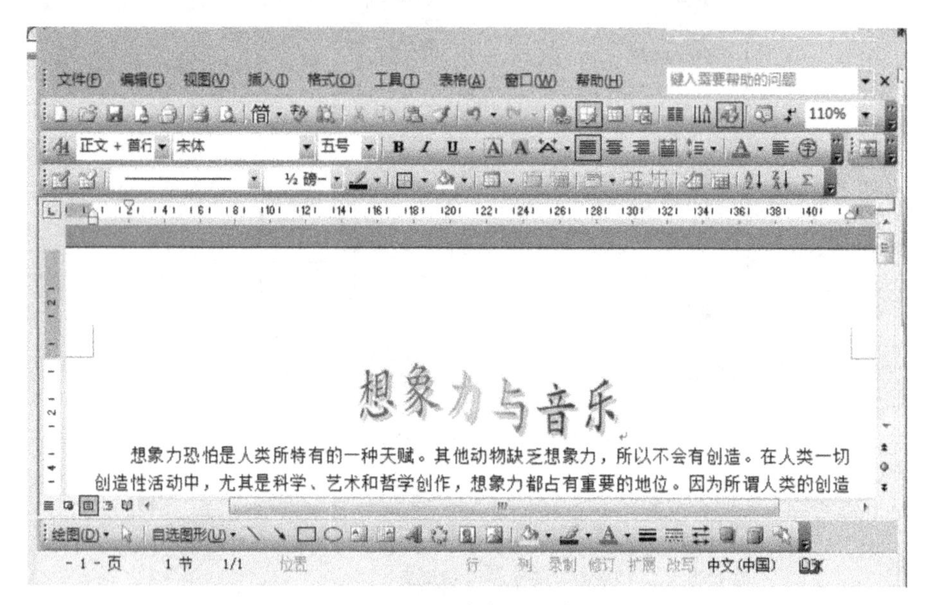

图3.48 艺术字设置效果

4. 设置分栏格式

步骤1：选中第2段至第4段(若不选的话，是对整篇文档分栏)，单击“格式”|“分栏”，打开“分栏”对话框。

步骤2：在“分栏”对话框中，设置分两栏、带分隔线且栏宽相等，如图3.49所示。

步骤3：单击“确定”按钮，分栏即完成。

5. 设置边框与底纹

步骤1：选中第5段，单击“格式”|“边框与底纹”，打开“边框与底纹”对话框。

步骤2：在“边框与底纹”对话框中，单击“边框”选项卡，设置边框类型为“无”、应用范围为“段落”。然后单击“底纹”选项卡，设置填充类型为“灰色-25%”、应用范围为“段落”。

步骤3：单击“确定”按钮完成设置，参见最终效果图中相应内容的效果。

6. 插入图片

步骤1：插入图片：在样文所示位置插入“样图音乐.wmf”图片。

步骤2：选中该图片，右击并在弹出的快捷菜单中选择“设置图片格式”，在其中的

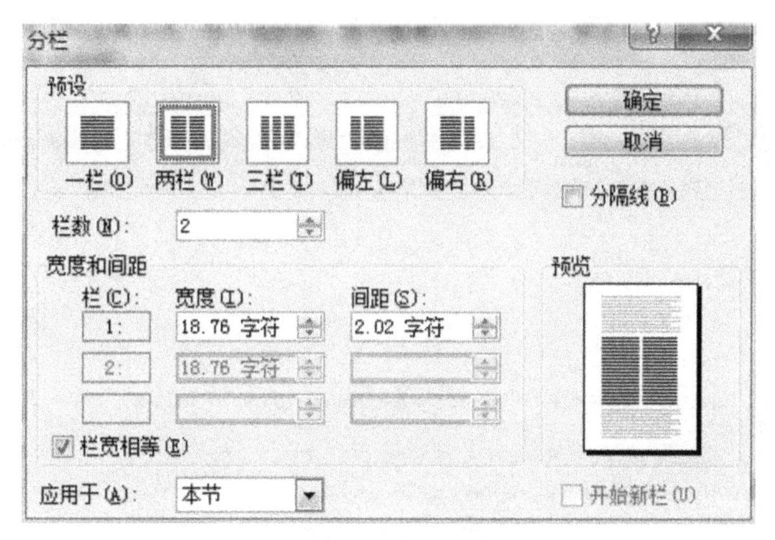

图 3.49　“分栏”对话框

“版式”标签中选择“四周型”，“大小”标签设置宽度 6.1 厘米、高度 1.4 厘米，其他选项为默认设置。

7. 设置脚注与尾注

设置正文第 4 段第 1 行“贝多芬”三字带下画线并选中“贝多芬”三字后单击菜单栏“插入”|“引用”|“脚注和尾注”，在弹出的“脚注与尾注”对话框中选择“脚注”单选框后即单击“插入”，并添加尾注“贝多芬(1770—1827)，德国作曲家，维也纳古典乐派代表人物之一”。

8. 设置页眉页码

步骤 1：单击菜单栏“视图”|“页眉和页脚”，在页眉默认的最左端编辑区输入文字“艺术与哲学的断想”。

步骤 2：单击“关闭”按钮 关闭(C)，退出页眉和页脚编辑状态。

步骤 3：单击菜单栏“插入”|“页码”，弹出“页码”对话框，“页眉位置”选择“页面顶端(页眉)，“对齐方式”选择“右侧”，勾选“首页显示页码”，再点击“确定”。

页眉页码设置效果如图 3.50 所示。

9. 打印预览

单击“文件”|“打印预览”，或者单击常用工具栏上的“打印预览”按钮，将切换到打印预览视图。单击打印预览工具栏上的“单页”按钮，则每次可以预览 1 页；单击打印预览工具栏上的“多页”按钮，则每次可以同时预览多页，多页预览有多种方式，这里采用水平双页方式。

10. 打印

这里将文档“想象力与音乐 .doc”打印 2 份，具体操作如下：

图 3.50　页眉页码设置效果图

步骤 1：确保打印机与电脑联机正常，并将打印机打开。

步骤 2：单击“文件”|“打印”，打开“打印”对话框。在“打印”对话框中，设置“页面范围”为“全部”，“份数”为“2”，如图 3.51 所示。

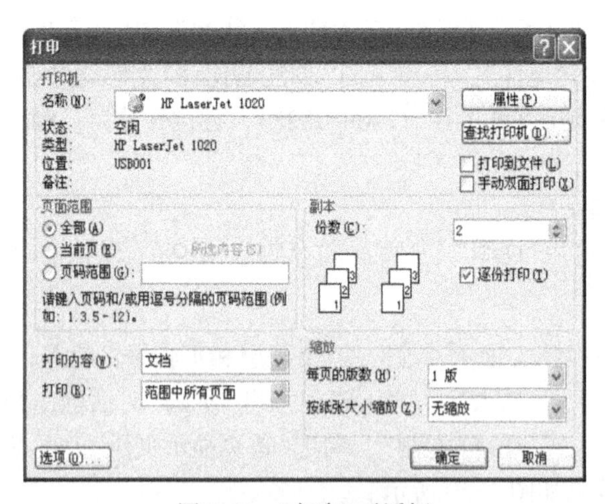

图 3.51　“打印”对话框

步骤 3：单击“确定”按钮，打印机就开始打印了。

练 习 题

一、单项选择题

1. 如果想要设置定时自动保存，应选择菜单________。

A. 工具 | 选项　　B. 保存标签
C. 文件 | 另存为　　D. 文件 | 摘要信息

2. 在 Word 中字符排版首先应________，否则就对光标处的再输入的文本起作用。
A. 移动光标　　B. 选择文本对象
C. 没有用　　D. 定义块

3. 菜单命令的快捷键一般在________可以查到。
A. 菜单命令旁下画线的字母　　B. 单击鼠标右键出现的快捷键的菜单
C. 菜单命令旁　　D. 单击屏幕的任何地方

4. 打开的 Word 应用程序文件名可以在________中找到。
A. 工作区　　B. 标题栏
C. 工具栏　　D. 格式工具栏

5. Word 的常用的打印按钮可以在________中找到。
A. 工作区　　B. 标题栏
C. 工具栏　　D. 格式工具栏

6. Word 中的字体、字号快捷按钮可以在________中找到。
A. 工作区　　B. 标题栏
C. 工具栏　　D. 格式工具栏

7. 在 Word 环境中不用打开文件对话框就能直接打开最近使用过的文档，方法是________。
A. 工具栏按钮方法　　B. 选择菜单“文件”中的“打开”
C. 快捷键方法　　D. 选择菜单“文件”中的文件列表

8. 用菜单的方法进行删除、复制、移动等操作，应选择________菜单。
A. 文件　　B. 编辑
C. 格式　　D. 视图

9. 为了将全文档中，所有的固定某一词删除或变为另一个词，可以用________方法。
A. 打开“查找”对话框，然后对每一查找结果进行删除或输入另一词
B. 打开“查找”对话框，然后按“替换”按钮，再在“替换为”文本框中不输入或输入另一词
C. “A”和“B”都可以
D. “A”和“B”都不可以

10. 在 Word 中表格线的设置应通过菜单________来设置。
A. “格式”中的“字符”项　　B. “格式”中的“段落”项
C. “格式”中的“边框”项　　D. “表格”中的“隐藏虚框”项

11. 在 Word 文档中每一页都要出现的基本内容都应放在________中。
A. 文本　　B. 页眉页脚
C. 文本框　　D. 以上都不可以

12. 在 Word 中如果已有页眉，再次进入页眉区只需双击________就行了。
A. 文本区　　B. 菜单区

C. 页眉页脚区 D. 工作栏区

13. 怎样使用 Word 文档提供自动编号的功能？________。
A. 用“格式”下拉菜单中的“项目符号和编号”命令
B. 用“格式”中的“字符”项命令
C. 用“插入”中的“符号”项命令
D. 用“插入”中的“分页符”项命令

14. 在 Word 中特殊符号的插入可用菜单中的________。
A. “插入”中的“符号”项 B. “格式”中的“字号”项
C. “格式”中的“样式”项 D. “插入”中的“分隔符”项

15. 在 Word 中如果屏幕上没有出现标尺，可以选用菜单中________。
A. “插入”中的“符号”项 B. “格式”中的“制表位”项
C. “格式”中的“坐标线”项 D. “视图”中的“标尺”项

16. 在编辑 Word 文档时，强制换页的方法是________。
A. 不可以这样做 B. 可插入“分页符”
C. 多按几次回车直到出现下一页 D. 一直按空格键直到出现下一页

17. 在 Word 中设置“页边距”和“版面”，需选择“文件”菜单中的________。
A. 打印 B. 打印预览
C. 版本 D. 页面设置

18. 单击 Word 文档“文件”中的关闭是________。
A. 关闭整个计算机系统 B. 关闭 Word 系统
C. 关闭 Word 文档窗口 D. 关闭 Word 窗口

19. 在 Word 编辑状态设置标尺，只显示水平标尺的视图方式是________。
A. 普通方式 B. 页面方式
C. 大纲方式 D. 全屏方式

20. 在 Word 中，为文档添加艺术字的操作是________。
A. 单击“插入”菜单中的“图片”命令中的“艺术字”命令
B. 单击“编辑”菜单中的“图片”命令中的“艺术字”命令
C. 单击“格式”菜单中的“图片”命令中的“艺术字”命令
D. 单击“图片”命令中的“艺术字”命令

21. 启动中文 Word 后，空白文档的名字为________。
A. 文档 1. doc B. 新文档 . doc
C. 文档 . doc D. 我的文档 . doc

22. 在 Word 中，当前正在编辑的文档的文档名显示在________。
A. 工具条的右边 B. 文件菜单中
C. 状态条 D. 标题条

23. 在 Word 编辑的内容中，文字下面有红色波浪下画线表示________。
A. 已修改过的文档 B. 对输入的确认
C. 可能的拼写错误 D. 可能的语法错误

24. 在 Word 编辑的内容中，文字下面有绿色波浪下画线表示________。

A. 已修改过的文档　　B. 对输入的确认

C. 可能的拼写错误　　D. 可能的语法错误

25. 在 Word"打开"对话框中________。

A. 通过鼠标拖动可以实现文件移动　　B. 先剪切文件然后粘贴可以实现文件移动

C. 用移动命令可以实现文件移动　　D. 无法实现文件的移动

26. 在 Word 中，关于表格单元格的叙述不正确的是________。

A. 单元格可以包含多个段　　B. 单元格的内容能为图形

C. 同一行的单元格的格式相同　　D. 单元格可以被分隔

27. 在 Word 表格中，对表格的内容进行排序，下列不能作为排序的类型是________。

A. 笔画　　B. 拼音

C. 偏旁部首　　D. 数字

28. 在 Word 中，要将 8 行 2 列的表格改为 8 行 4 列，应________。

A. 选择要播入列位置右边的一列，单击工具栏上的"插入列"

B. 单击工具栏上的"表格"按钮，拖动鼠标以选择 8 行 4 列

C. 选择要插入列位置左边的一列，单击工具栏上的"插入列"按钮

D. 选择要插入列位置右边已存在的列，单击工具栏的"插入列"按钮

29. 在 Word 中，在一个 4 行 4 列的表格编辑正文时，当在表格的第 3 行最左一列按 Tab 键，插入点将________。

A. 移动到上一行的左边　　B. 移动到下一行的左边

C. 移动到左一列　　D. 移动到右一列

30. 在 Word 编辑状态，当前文档的窗口经过"最大化"后占满整个窗口，则该文档标题栏右边显示的按钮是________。

A. 最小化、还原和最大化按钮　　B. 还原、最大化和关闭按钮

C. 最小化、还原和关闭按钮　　D. 还原和最大化按钮

31. 在 Word 的编辑状态，要想检查当前文档中的文字拼写情况，应当使用________。

A. "编辑"菜单中的命令　　B. "格式"菜单中的命令

C. "工具"菜单中的命令　　D. "视图"菜单中的命令

32. 在 Word 的编辑状态，当前文档中有一个表格，选定表格后，单击"表格"菜单中"删除行"命令后________。

A. 表格中的内容全部被删除，但表格还存在

B. 表格和内容全部被删除

C. 表格被删除，但表格中的内容未被删除

D. 表格中插入点所在的行被删除

33. 在 Word 的编辑状态，当前文档中有一个表格，选定表格内的部分数据后，单击格式工具栏中的"居中"按钮后________。

A. 表格中的数据全部按居中格式编排　　B. 表格中被选择的数据按居中格式编排

C. 表格中的数据没按居中格式编排　　D. 表格中未被选择的数据按居中格式编排

34. 目前在打印预览状态，若要打印文件________。

A. 必须退出预览状态后才可以打印 B. 在打印预览状态也可以直接打印

C. 在打印预览状态不能打印 D. 只能在打印预览状态打印

35. 下列哪个命令可以设定打印纸张的大小？________。

A. “文件”命令菜单中的“打印预览”命令

B. “文件”命令菜单中的“页面设置”命令

C. “视图”命令菜单中的“工具栏”命令

D. “视图”菜单中的“页面”命令

36. 在 Word 的编辑状态，要想输入 § 等符号应当使用________。

A. “插入”菜单中的命令 B. “编辑”菜单中的命令

C. “工具”菜单中的命令 D. “视图”菜单中的命令

37. 在 Word 的编辑状态，要想设置页码，应当使用插入菜单中的________。

A. “分割符”选择项 B. “页码”命令

C. “符号”选择项 D. “对象”选择项

38. 在 Word 的编辑状态，单击常用工具栏中的按钮后________。

A. 可以进行手动制表 B. 可以自动生成表格

C. 可以输入汉字 D. 可以设定标尺位置

39. 在 Word 的编辑状态，单击格式栏中的按钮的功能是________。

A. 文档的全部字母被转化为大写字母

B. 文档中被选择的字母被转化为大写字母

C. 文档中被选择的文字被加上或取消边框

D. 输入的文字被加上边框

40. 在 Word 的编辑状态，要想为当前文档设置分栏，应当使用“格式”菜单中的________。

A. “字体”命令 B. “段落”命令

C. “分栏”命令 D. “样式”命令

二、判断题

1. 在用 Word 2003 编辑文本时，若要删除文本区中某段文本的内容，可先选取该段文本，再按 Delete 键。 (　　)

2. 用 Word 2003 制作的表格大小有限制，一般表格的大小不能超过一页。 (　　)

3. 在 Word 2003 中编辑文稿，要产生文本绕图的效果，只能在图文框中进行。 (　　)

4. 在 Word 2003 中，使用“查找”命令查找的内容，可以是文本和格式，也可以是它们的任意组合。 (　　)

5. 删除选定的文本内容时，Delete 键和退格键的功能相同。 (　　)

6. Word 2003 中的“样式”，实际上是一系列预置的排版命令，使用样式的目的是为了确保所编辑的文稿格式编排具有一致性。 (　　)

7. 为了使用户在编排文档版面格式时节省时间和减少工作量，Word 2003 提供了许多“模板”，所谓“模板”就是文章、图形和格式编排的框架或样板。　(　　)

8. Word 2003 中的“宏”是一系列 Word 命令的集合，可利用宏录制器创建宏，宏录制器不能录制文档正文中的鼠标操作，只能录制键盘操作，但可用鼠标操作来选择命令和选择选项。　(　　)

9. 在 Word 2003 中，把表格加上实线，只能把表格变虚线，通过“格式”菜单中的“边框与底纹”进行。　(　　)

10. 要在每一页中放置相同的水印，必须放在页眉和页脚中。　(　　)

11. Word 2003 文档可以保存为“纯文本”类型。　(　　)

12. 在 Word 2003 中隐藏的文字，屏幕中仍然可以显示，但打印时不输出。　(　　)

13. 在 Word 2003 中，给表格套用表格样式，应在格式菜单里设置。　(　　)

14. 在 Word 2003 中，要设置图片与文字上下环绕方式，应做紧密型环绕。　(　　)

15. 在 Word 页面设置中可以设置装订线的位置。　(　　)

三、填空题

1. 如果希望在 Word 主窗口中显示常用工具栏，应当选择________菜单的“工具栏”命令。

2. 将源文件中的信息插入(拷贝)到目标文件中，称为对象的________。

3. 在对新建的文档进行编辑操作时，若要将文档存盘，应当选用“文件”菜单中的________命令。

4. 在 Word 中输入文本时，按 Enter 键后将产生________符。

5. 通常 Word 2003 文档文件的扩展名是________。

6. 如果已有一个 Word 文件 A. doc，打开该文件并经过编辑修改后，希望以 B. doc 为名存储修改后的文档而不覆盖 A. doc，则应当从________菜单中选择“另存为”命令。

7. 在 Word 中，如果一个文档的内容超过了窗口的范围，那么在打开这个文档时，窗口的右边(或下边)会出现一个________。

8. 在 Word 中，用户在用 Ctrl + C 组合键将所选内容拷贝至剪贴板后，可以使用________组合键将其粘贴到所需要的位置。

9. 在 Word 中，用户可以使用________组合键选择整个文档的内容，然后对其进行剪贴或复制等操作。

10. 在 Word 中，要查看文档的统计信息(如页数、段落数、字数、字节数等)和一般信息，可以选择文件菜单下的________菜单项。

11. 在 Word 2003 中插入的图形对象有________和________两种显示形式。

12. 在 Office 2003 剪贴板中最多可以保存________项被剪切或复制过的对象。

13. 显示工具栏可以通过选择视图菜单中的________命令来实现。

14. 利用________组合键，可以在安装的各种输入法之间切换。

15. 利用________组合键，可以在全角、半角字符之间切换。

16. 利用________组合键，可以在中文、英文标点符号之间切换。

17. 插入 | 改写状态的转换，可以通过按键盘上的________键来实现。
18. 使用键盘上的________键可以将插入点移动到行尾。
19. 使用键盘上的________键可以将插入点移动到文档尾。
20. 在选定多块文本时，先选定一块，然后按住________键的同时再选定下一块。

四、操作题

1. 名片制作

主要知识点：页面设置；插入自制图片；加文本框；版面布局。

样例效果如下图所示：

2. 制作课表

主要知识点：表格设计；绘制表格；单元格格式；斜线表头；文字格式等。

样例效果如下图所示：

星期 / 课程 / 节数	星期一	星期二	星期三	星期四	星期五
一二节 (8：00-9：40)	数学	计算机	数学	物理	英语
三四节 (10：00-11：40)	物理	语文	英语	计算机	数学
五六节 (14：20-16：00)	体育	团课	计算机	体育	语文
晚自习 (19：40-21：30)	计算机	物理	数学	英语	

3. 设计月历

主要知识点：表格绘制；表格格式；插入图片文件；插入艺术字等。

样例效果如下图所示：

4. 制作电子小报

主要知识点：综合运用。

样例效果如下图所示，请自己选定主题和内容制作一份 A4 纸大小(横向)的电子小报。

春　　天

每年春之将至，我必定做梦。

山、原野，各种草木都在萌生，各种花卉都在竞放。树群的萌芽，井然有序。嫩叶的色彩和形状，因树而异。不消说，嫩时的颜色不限于绿色。例如沿东海道春游，就可以看见远州路罗汉松的新，和关原一带的柿树的嫩时不限于绿……仅以红叶和枫树的嫩叶来说，确实也是千变万化的。还有许多我不知名的、小得几乎不显眼的野花。

我一度的却想写写我自己亲眼仔细观察到的春天，写春天来到山野的草木丛中。于是我就观察山间林木的万枝千朵的花。然而，在我到处细心观察而未下笔的时候，春天的嫩叶和花却匆匆的起了变化。我便想来年再写吧。我每年照例要做这样的梦。也许我是一个日本作家的缘故吧。而且我梦中看见了一座美丽的山，布满了森林、繁花和嫩叶。我梦中想到：这是故乡的山啊！人世间哪里都找不到这样美丽的故乡。我却梦见理想中的故乡的春天！

作者：（日本）川端康成

师范语文

SHI FAN YU WEN

2009 年 9 月 28 日
第 668 期
（1985 年创版）
社长：郭莎
赣内准字：J002 号

校园文艺　（第一版）
青春絮语　（第二版）
孩子的心灵　（第三版）
童话　（第四版）
少年小说　（第五版）

别说不行

人生，犹如一次漫长的旅行，作为游客，谁希望阳光明媚，鸟语花香，坦途千里？然而事情总不顺人意，在路途中，难免风雨雷电，难免坎坎坷坷。此时此刻，唯有鼓足勇气，迈开大步，勇往直前。须知路是人走出来的，别说“不行”。

“地上本没有路，走的人多了，也便成了路。”这是鲁迅先生的名言。是啊，世界之大，方之小，若不步，何来坦途？朋友，只要肯付出汗水，长满荆棘的坎坷路一定会被你开辟成为鲜花灿烂的平坦大道！当你成功时，你就会发现：成功与失败仅一步之遥。当你拾起一样东西时，你就成为强者，这样东西就是“信心。”

忆童年

童年的时候，总认为：
长大的日子，遥遥无期。
童年离去了，
只能把那份美丽写入日记里去。
沉思回忆，时忧时喜，
多想，再有一些傻的问题
是啦，
知道那些已是过去，
却还是回忆。

花　香

风，没有方向的吹来，雨，也跟着悲伤起来。没有人能告诉我，爱是在什么时候悄悄走开。风，伴着花谢了又开，雨，把眼泪落向大海，现在的我才明白。你抱着紫色的梦选择等待。记忆是阵阵花香，我们说好谁都不能忘，守着黑夜的阳光，难过却假装坚强，等待的日子里，你比我勇敢，记忆是阵阵

花香，一起走过永远不能忘，你的温柔是阳光，把我的未来填满，提醒我花香常在，就像我的爱。

第4章　表格处理软件 Excel 2003

实训一　Excel 2003 的基本操作

一、实训目的

(1)熟悉 Excel 2003 的工作界面，掌握 Excel 2003 的启动与退出方法。
(2)理解工作簿、工作表和单元格的概念及基本操作。
(3)掌握工作表数据的输入方法。

二、实训任务

(1)启动与退出 Excel。
(2)创建、打开、保存工作簿，工作表重命名。
(3)数据的输入、编辑、修改及格式设置。
(4)公式的使用，复制公式计算其他单元格数据的方法。
(5)单元格内容的复制、粘贴。
(6)自动套用表格格式。

三、实训内容

使用 Excel 2003 创建新的工作簿，并另存为“Excel 实训 . xls”；录入“库存清单表”的各项数据，表格制作及格式设置，实训效果如图 4. 1 所示；自动套用表格格式，实训效果如图 4. 2 所示。

四、操作提示

1. 创建工作表

步骤 1：启动 Excel，将当前空白工作簿重命名，保存于 D 盘根目录下，文件名为“Excel 实训 . xls”。

步骤 2：将工作表 Sheet1 改名为“库存清单表”。

2. 设置单元格格式

步骤 1：打开素材“库存清单表 . xls”，将数据拷贝到工作表“库存清单表”中 A2：F6 单元格区域。

库存清单					
型号	单价（元/件）	入库量	出库量	库存量	金额
PIII450	1,740.00	25	18	7	￥12,180.00
昆腾10.2GB	1,065.00	40	25	15	￥15,975.00
华硕P3B-F	1,180.00	20	5	15	￥17,700.00
LG-17’彩色	2,380.00	15	8	7	￥16,660.00

图 4.1　库存清单表

库存清单					
型号	单价（元/件）	入库量	出库量	库存量	金额
PIII450	1740	25	18	7	12180
昆腾10.2GB	1065	40	25	15	15975
华硕P3B-F	1180	20	5	15	17700
LG-17’彩色	2380	15	8	7	16660

图 4.2　自动套用表格格式

步骤2：将涉及金额的数值(单价与金额)格式设置为三位一个逗号且带两位小数，如单价：1,740.00，金额：12,180.00；涉及金额和数量的字体设置为“Arial”，字号14；其他字体设置为“宋体”，字号14。所有单元格上下左右均居中。

步骤3：修改2~6行行高为25，列宽为合适宽度。

3. 使用公式

步骤1：计算产品的库存量，在E3单元格输入公式：=C3-D3，按回车键。

步骤2：将E3单元格公式复制到E4至E6单元格。

步骤3：计算产品的金额，在F3单元格输入公式：=E3*B3，按回车键。

步骤4：将F3单元格公式复制到F4至F6单元格。

4. 制作表头标题行

步骤1：在A1单元格输入“库存清单”。

步骤2：合并A1至F1单元格区域，并用鼠标调整第一行的高度为40像素。

步骤3：将合并后的A1单元格字体设置为“华文琥珀”，字号20。

5. 使用边框与底纹

为数据表增加表格线，四周外围采用红色宽线条，内部采用蓝色细虚线，并为数据表添加合适的底纹图案和颜色。

6. 自动套用表格格式

步骤1：将工作表Sheet2改名为“自动套用表格格式”。

步骤2：选中工作表“库存清单表”，将A1至F6单元格区域内容拷贝到工作表“自动套用表格格式”，在区域右下角“粘贴选项”中选择“匹配目标区域格式”。

步骤3：单击菜单栏“格式”|“自动套用格式”命令，在弹出的“自动套用格式”对话框中选择“序列三”，单击“确定”按钮即可。

☞**提示**：“自动套用格式”对话框中单击“选项”按钮，在对话框下侧展开的“要应用的格式”栏中可以选择自动套用格式要应用的选项。

7. 保存并关闭当前工作簿

实训二　公式及函数的应用

一、实训目的

(1)掌握自动填充单元格数据的方法。

(2)掌握公式及函数的使用。

(3)掌握条件格式的使用。

(4)了解数据有效性的设置方法。

二、实训任务

(1)制作“程序设计基础”课程期末成绩单。

(2)对总评成绩进行求和，并给出成绩等级评定(90以上“优秀”，80~90“良好”，70~80“中”，60~70“及格”，60以下“不及格”)。

(3)统计总评成绩各分数段人数、最高分、最低分、平均分。

(4)对总评成绩设置条件格式。

三、实训内容

使用Excel 2003创建新的工作表“期末成绩单”，录入成绩单的各项数据，设置表格格式，并统计相关数据，实训效果如图4.3所示。

四、操作提示

1. 录入期末成绩

步骤1：打开实训一保存的文件“Excel实训.xls”，将工作表Sheet3改名为“期末成绩单”。

步骤2：打开素材“期末成绩记录.xls”，将数据拷贝到工作表“期末成绩单”中A1至F24单元格区域。

步骤3：插入表格标题“成绩登记表”居中对齐，合并单元格使之成为表头，并将标题设置为隶书、22号、加粗。

步骤4：插入第二行，合并A2、B2输入“开课学院：电信学部”；合并C2至E2输入

成绩登记表

开课学院：电信学部		课程名称：程序设计基础			学分：4.0	
序号	学号	平时成绩	期末成绩	实验成绩	总评成绩	成绩等级
1	945020301	60	21	81	40.8	不及格
2	945020302	100	75	87	82.4	良好
3	945020303	65	54	81	61.6	及格
4	945020304	90	92	91	91.4	优秀
5	945020305	85	70	83	75.6	中
6	945020306	100	90	90	92.0	优秀
7	945020307	100	95	92	95.4	优秀
8	945020308	100	92	93	93.8	优秀
9	945020309	90	73	84	78.6	中
10	945020310	75	72	83	74.8	中
11	945020311	70	67	77	69.6	及格
12	945020312	90	74	86	79.6	中
13	945020313	90	70	83	76.6	中
14	945020314	100	73	92	82.2	良好
15	945020315	65	62	75	65.2	及格
16	945020316	60	39	80	51.4	不及格
17	945020317	100	92	89	93.0	优秀
18	945020318	75	61	81	67.8	及格
19	945020319	65	62	81	66.4	及格
20	945020320	80	66	78	71.2	中
21	945020321	95	42	80	60.2	及格
22	945020322	90	77	90	82.2	良好
23	945020323	85	66	80	72.6	中

统计表

90分以上（优秀）	5
80-89分（良好）	3
70-79分（中等）	7
60-69分（及格）	6
不及格（不及格）	2
及格人数	21
最高分	95
最低分	41
平均分	75
当前日期	2012-5-5

库存清单表　自动套用表格格式　期末成绩单

就绪　数字

图 4.3　期末成绩单

“课程名称：程序设计基础”，合并 F2 至 G2 输入“学分：4.0”。

2. 设置单元格格式

步骤 1：将各列标题设置为宋体、9 号、居中，将列宽、行高设置为“最适合的列宽（行高）”。

步骤 2：设置表格中其余的数据对齐格式为上下、左右均为“居中对齐”。

3. 公式的使用与自动填充

步骤 1：序号字段 A4 单元格填写 1，下面的单元格自动填充。

步骤 2：学号字段 B4 单元格填写自己的学号，下面的单元格自动填充。

步骤 3：总评成绩字段保留一位小数，平时成绩占 20%，实验成绩占 20%，期末成绩占 60%。以上三个字段在自动填充时，均选择“以序列方式填充”。

4. 函数的使用

步骤 1：设计统计表格内容，如图 4.3 所示。

步骤 2：利用 COUNTIF 函数统计总评成绩各分数段人数。

步骤 3：利用 MAX、MIN、AVERAGE 函数统计总评成绩最高分、最低分、平均分。

步骤 4：利用 NOW 或者 TODAY 函数取得当前日期。

步骤 5：利用 IF 函数求总评成绩等级。

5. 条件格式的设置

在总评成绩列字段，设置如下的条件格式：总评成绩>=90 时，用蓝色图案填充背景，总评成绩<=60 时，用红色图案填充背景。

6. 保存并关闭当前工作簿

实训三　数据分析与管理

一、实训目的

(1)掌握数据的自动筛选及高级筛选功能的使用方法。
(2)掌握数据的排序方法。
(3)掌握数据分类汇总的方法及其应用。

二、实训任务

(1)利用自动筛选功能筛选总评成绩。
(2)利用高级筛选功能实现多个条件的组合筛选。
(3)按成绩升序重新排列成绩表。
(4)利用分类汇总对数据进行分析及管理。

三、实训内容

为实训二中“期末成绩单”工作表建立副本，并重命名为“排序与筛选”。在该副本中，利用自动筛选功能，筛选总评成绩大于或等于80的记录，如图4.4所示；利用高级筛选功能，筛选总评成绩小于60或期末成绩小于60分的记录，如图4.5所示；按期末成绩升序重排工作表，效果如图4.6所示；利用分类汇总功能，按成绩等级统计各等级人数，效果如图4.7所示。

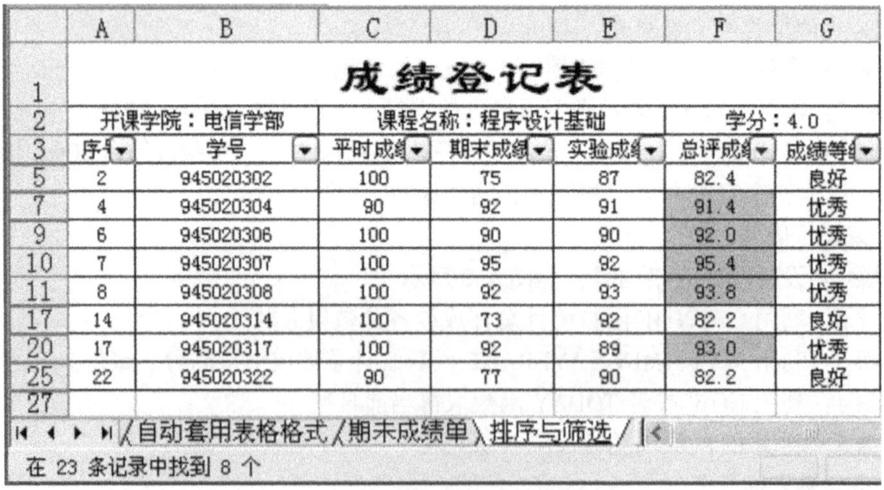

	A	B	C	D	E	F	G
1	成绩登记表						
2	开课学院：电信学部		课程名称：程序设计基础			学分：4.0	
3	序号	学号	平时成绩	期末成绩	实验成绩	总评成绩	成绩等级
5	2	945020302	100	75	87	82.4	良好
7	4	945020304	90	92	91	91.4	优秀
9	6	945020306	100	90	90	92.0	优秀
10	7	945020307	100	95	92	95.4	优秀
11	8	945020308	100	92	93	93.8	优秀
17	14	945020314	100	73	92	82.2	良好
20	17	945020317	100	92	89	93.0	优秀
25	22	945020322	90	77	90	82.2	良好
27							

自动套用表格格式 / 期末成绩单 / 排序与筛选

在 23 条记录中找到 8 个

图4.4　按总评成绩自动筛选

	A	B	C	D	E	F	G
1	成绩登记表						
2	开课学院：电信学部		课程名称：程序设计基础			学分：4.0	
3	序号	学号	平时成绩	期末成绩	实验成绩	总评成绩	成绩等级
4	1	945020301	60	21	81	40.8	不及格
6	3	945020303	65	54	81	61.6	及格
19	16	945020316	60	39	80	51.4	不及格
24	21	945020321	95	42	80	60.2	及格
27							
28		期末成绩	总评成绩				
29			<60				
30		<60					
31							

自动套用表格格式 / 期末成绩单 / 排序与筛选

“筛选”模式

图 4.5　高级筛选

	A	B	C	D	E	F	G
1	成绩登记表						
2	开课学院：电信学部		课程名称：程序设计基础			学分：4.0	
3	序号	学号	平时成绩	期末成绩	实验成绩	总评成绩	成绩等级
4	1	945020301	60	21	81	40.8	不及格
5	16	945020316	60	39	80	51.4	不及格
6	21	945020321	95	42	80	60.2	及格
7	3	945020303	65	54	81	61.6	及格
8	18	945020318	75	61	81	67.8	及格
9	15	945020315	65	62	75	65.2	及格
10	19	945020319	65	62	81	66.4	及格
11	20	945020320	80	66	78	71.2	中
12	23	945020323	85	66	80	72.6	中
13	11	945020311	70	67	77	69.6	及格
14	5	945020305	85	70	83	75.6	中
15	13	945020313	90	70	83	76.6	中
16	10	945020310	75	72	83	74.8	中
17	9	945020309	90	73	84	78.6	中
18	14	945020314	100	73	92	82.2	良好
19	12	945020312	90	74	86	79.6	中
20	2	945020302	100	75	87	82.4	良好
21	22	945020322	90	77	90	82.2	良好
22	6	945020306	100	90	90	92.0	优秀
23	4	945020304	90	92	91	91.4	优秀
24	17	945020317	100	92	89	93.0	优秀
25	8	945020308	100	92	93	93.8	优秀
26	7	945020307	100	95	92	95.4	优秀
27							

自动套用表格格式 / 期末成绩单 / 排序与筛选

就绪

图 4.6　成绩升序排列

	A	B	C	D	E	F	G
1	成绩登记表						
2	开课学院：电信学部		课程名称：程序设计基础			学分：4.0	
3	序号	学号	平时成绩	期末成绩	实验成绩	总评成绩	成绩等级
4	1	945020301	60	21	81	40.8	不及格
5	16	945020316	60	39	80	51.4	不及格
6						2	不及格 计数
7	3	945020303	65	54	81	61.6	及格
8	11	945020311	70	67	77	69.6	及格
9	15	945020315	65	62	75	65.2	及格
10	18	945020318	75	61	81	67.8	及格
11	19	945020319	65	62	81	66.4	及格
12	21	945020321	95	42	80	60.2	及格
13						6	及格 计数
14	2	945020302	100	75	87	82.4	良好
15	14	945020314	100	73	92	82.2	良好
16	22	945020322	90	77	90	82.2	良好
17						3	良好 计数
23						5	优秀 计数
31						7	中 计数
32						23	总计数

自动套用表格格式 / 期末成绩单 / 排序与筛选

就绪　数字

图 4.7　按成绩等级分类汇总

四、操作提示

1. 复制工作表

步骤 1：打开实训二保存的文件“Excel 实训 .xls”，复制工作表“期末成绩单”至当前工作簿所有工作表之后，并将新工作表改名为“排序与筛选”。

步骤 2：删除工作表中 I 列与 J 列数据。

2. 自动筛选

步骤 1：在工作表“期末成绩单”中选定单元格区域 A3 至 G26。单击菜单栏“数据”|“筛选”|“自动筛选”命令，列标题区域内所有单元格会添加自动筛选的下拉箭头。

步骤 2：单击列标题“总评成绩”右侧的下拉箭头，打开下拉列表。单击“自定义”选项，弹出“自定义自动筛选方式”对话框。设置总评成绩大于或等于 80，单击“确定”按钮即可，如图 4.4 所示。

☞**提示**：如果要还原此表，可以再次打开这些下拉列表，从中选择“全部”选项即可。如果需要将自动筛选取消，可以单击选择“数据”|“筛选”|“自动筛选”命令，将该命令前面的勾选项“√”取消即可。

3. 高级筛选

有时我们需要查询符合多个条件的相关信息，此时可以利用高级筛选功能实现。

步骤 1：单击菜单栏“数据”|“筛选”|“自动筛选”命令，撤销自动筛选功能，在工作表空白处输入高级筛选条件(例如，在单元格 B28:C30 区域输入)。

步骤 2：单击菜单栏“数据”|“筛选”|“高级筛选”命令，弹出“高级筛选”对话框，

“方式”保持默认值，即将筛选结果显示在原工作表位置，将“列表区域”设置为“A3：G26”，将“条件区域”设置为“B28：C30”，单击“确定”按钮，即可看到进行高级筛选后的信息，如图 4.5 所示。

☞**提示**：对工作表数据清单的数据进行筛选后，为了显示全部的记录，需要撤销筛选。操作方法：单击菜单栏“数据”|“筛选”|“全部显示”命令。

4. 成绩排序

步骤 1：取消高级筛选，显示全部数据。

步骤 2：对数据清单 A3 至 G26 中的数据进行排序操作，排序时按期末成绩升序排列。如期末成绩相同，则按平时成绩升序排列；如前两项成绩均相同，则按总评成绩升序排列。效果如图 4.6 所示。

5. 数据分类汇总

步骤 1：将工作表按序号升序排列。

步骤 2：按照成绩等级对工作表进行排序。

步骤 3：选中单元格区域 A3:G26，单击菜单栏“数据”|“分类汇总”命令，弹出“分类汇总”对话框，将“分类字段”设置为“成绩等级”，将“汇总方式”设置为“计数”，将“选定汇总项”只勾选“总评成绩”，单击“确定”按钮。

6. 保存并关闭当前工作簿

实训四　数据的图表化

一、实训目的

(1)掌握图表的组成和创建图表的方法。

(2)掌握图表类型的特点。

(3)熟练掌握图表对象的格式化设置。

二、实训任务

(1)利用给定的数据，使用“图表向导”创建饼图及柱形图。

(2)修改图表属性设置。

三、实训内容

利用给定的“公司销售业绩”，制作饼图及柱形图，效果如图 4.8 所示。

四、操作提示

1. 制作饼图

步骤 1：打开实训三保存的文件“Excel 实训 . xls”，新建工作表“销售业绩图表化”，

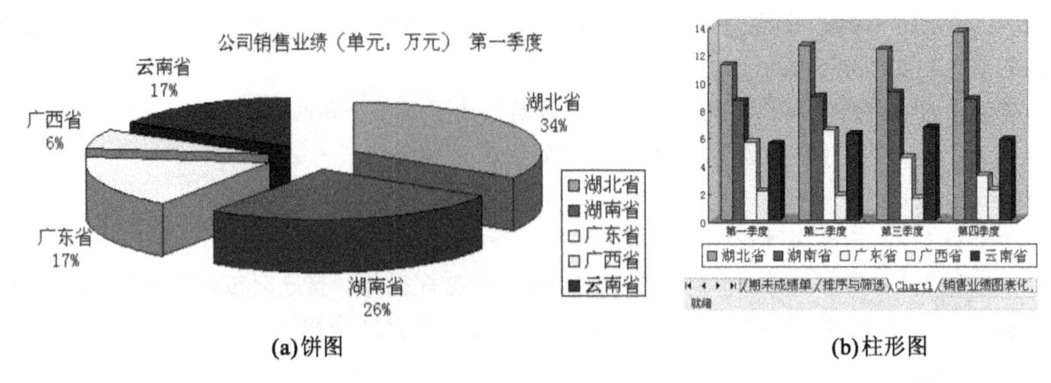

(a)饼图　　(b)柱形图

图 4.8　公司销售业绩图

创建如图 4.9 所示单元格数据。

	A	B	C	D	E
1	公司销售业绩（单元：万元）				
2	区域	第一季度	第二季度	第三季度	第四季度
3	湖北省	11.2	12.6	12.3	13.6
4	湖南省	8.6	8.9	9.2	8.7
5	广东省	5.6	6.5	4.5	3.2
6	广西省	2.1	1.8	1.6	2.2
7	云南省	5.5	6.2	6.7	5.8
8					

期末成绩单 / 排序与筛选 / 销售业绩图表化

就绪

图 4.9　公司销售业绩

步骤 2：单击菜单栏“插入”|“图表”命令，弹出“图表类型-4 步骤之 1-图表类型”对话框。在“图表类型”列表框中选择“饼图”，在右侧的“子图表类型”选择“分离型三维饼图”。

步骤 3：点击“下一步”按钮，弹出“图表类型-4 步骤之 2-图表源数据”对话框。在“数据区域”栏输入源数据所在区域“=销售业绩图表化！A1：E7”，“序列产生在”选择“列”。

步骤 4：点击“下一步”按钮，弹出“图表类型-4 步骤之 3-图表选项”对话框。可以通过设置“标题”、“图例”、“数据标志”标签以形成相应的饼图。如图 4.10 所示，切换到“数据标志”标签，勾选“类别名称”、“百分比”单选框，可以看到右侧饼图中显示出了各组数据的百分比。

步骤 5：点击“下一步”按钮，弹出“图表类型-4 步骤之 4-图表位置”对话框。选择作为其中的对象插入，可以在当前工作表中生成饼图。效果如图 4.8(a)所示。

2. 制作柱形图

步骤 1：单击菜单栏“插入”|“图表”命令，弹出“图表类型-4 步骤之 1-图表类型”对

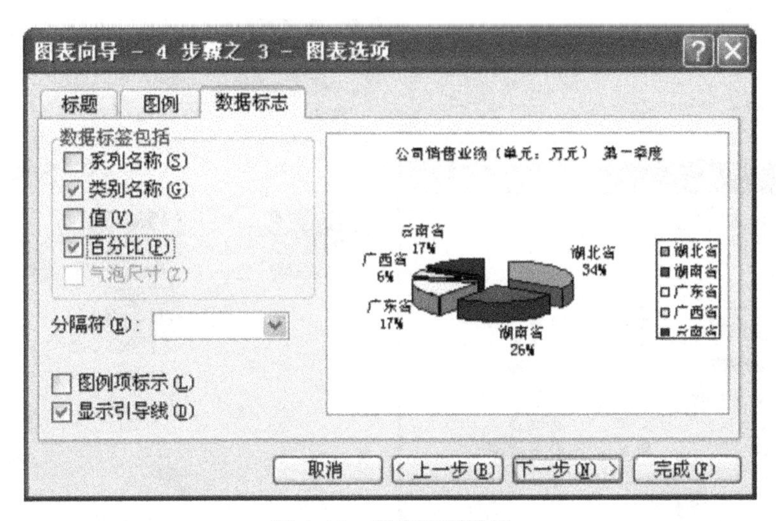

图 4.10　图表选项设置

话框。在“图表类型”列表框中选择“柱形图”，在右侧的“子图表类型”选择“三维簇状柱形图”。

步骤 2：点击“下一步”按钮，弹出“图表类型-4 步骤之 2-图表源数据”对话框。在“数据区域”栏输入源数据所在区域“ =A2：E7”，“序列产生在”选择“行”。

步骤 3：点击“下一步”按钮，弹出“图表类型-4 步骤之 3-图表选项”对话框。切换到“图例”标签，勾选“底部”复选框；切换到“网络线”标签，数值(Z)轴不勾选“主要网格线”多选框。

步骤 4：点击“下一步”按钮，弹出“图表类型-4 步骤之 4-图表位置”对话框。选择“作为新工作表插入”，可以在当前工作表中生成柱形图。效果如图 4.8(b)所示。

3. 编辑图表

步骤 1：选择工作表“Chart1”，右键单击图表空白区域，弹出“图表选项”对话框，切换到“标题”选项卡，在“图表标题”对应文本框中输入“各区域季度销售图”。

步骤 2：双击图表标题，弹出“图表标题格式”对话框，如图 4.11 所示。切换至“图案”选项卡，选择“自定义”边框，“颜色”选择“红色”，可以根据实际情况选择粗细及样式。然后单击“填充效果”按钮，弹出“填充效果”对话框，如图 4.12 所示；单击“纹理”选项卡，选择第一行第二个“再生纸”，单击“确定”按钮。

步骤 3：切换到“字体”选项卡，进行字体设置，分别设置“宋体”、“加粗”、“18 号”，“颜色”选择“蓝色”，单击“确定”按钮。

步骤 4：右键单击图表空白区域，弹出“图表类型”对话框，切换到“标准类型”选项卡，在“图表类型”列表框中选择“折线图”，“子图表类型”中选择“数据点折线图”。点击“确定”按钮，效果如图 4.13 所示。

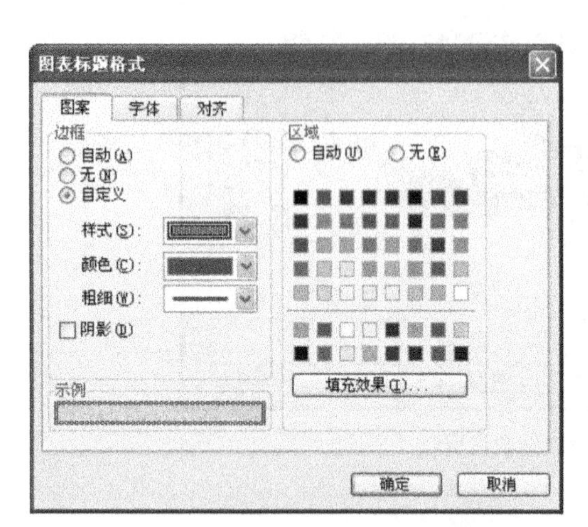

图 4.11　图表标题格式图案设置

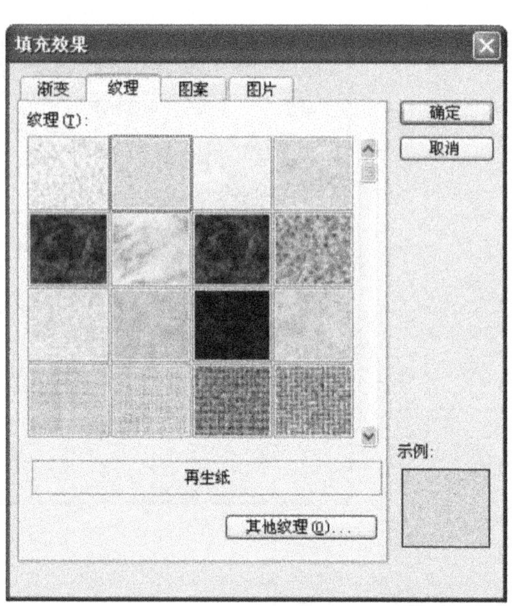

图 4.12　图表标题填充效果设置

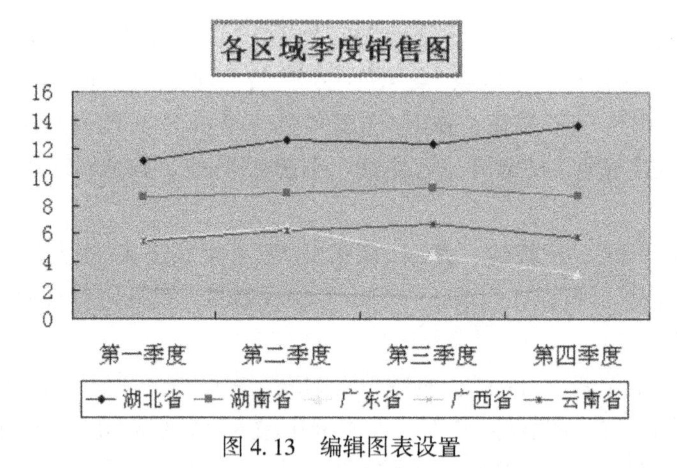

图 4.13　编辑图表设置

练　习　题

一、单项选择题

1. 公式 SUM(A2：A5)的作用是________。

   A. 求 A2 到 A5 四个单元格数值型数据之和　B. 不能正确使用
   C. 求 A2 与 A5 单元格之比值　D. 求 A2、A5 两单元格数据之和

2. Excel 工作簿所包含的工作表，最多可达________。

   A. 128　B. 256
   C. 255　D. 64

3. 以下操作中不属于 Excel 的操作是________。

A. 自动排版　　B. 自动求和

C. 自动填充数据　　D. 自动筛选

4. 函数________返回当前系统的日期和时间。

A. TIMEVALUE　　B. DATE

C. TODAY　　D. NOW

5. Excel 工作簿中，选择当前工作表的下一个工作表作为当前工作表的按键操作为________。

A. Shift+PageDown　　B. Ctrl+PageDown

C. Ctrl+PageUp　　D. Shift+PageUp

6. 函数 ROUND(12.15，1)的计算结果为________。

A. 12.2　　B. 10

C. 12　　D. 12.25

7. 在 Excel 中一次排序的参照关键字最多可以有________个。

A. 4　　B. 1

C. 3　　D. 2

8. Excel 电子表格 A1 到 C5 为对角构成的区域，其表示方法是________。

A. A1：C5　　B. C5：A1

C. A1，C5　　D. A1+C5

9. ________可用做函数的参数。

A. 单元格　　B. 数

C. 区域　　D. 以上都可以

10. 在 Excel 公式中用来进行乘法标记的为________。

A. ∧　　B. ( )

C. ×　　D. *

11. 要移到活动行的 A 列，按________键。

A. Home+Alt　　B. Home

C. Ctrl+Home　　D. PageUp

12. 选中表格中的某一行，按 Del 键后________。

A. 该行被清除，同时该行所设置的格式也被清除

B. 该行被清除，但下一行的内容不上移

C. 该行被清除，同时下一行的内容上移

D. 以上都不正确

13. 公式 SUM("3"，2，TRUE)的结果为________。

A. 3　　B. 4

C. 6　　D. 公式错误

14. 如果单元格中的数太大不能显示时，一组________符号将显示在单元格内。

A. *　　　　B. ?

C. ERROR!　　　　D. #

15. Excel 中对于建立自定义序列，可以使用________命令来建立。

A. “工具｜选项”　　　　B. “插入｜选项”

C. “格式｜选项”　　　　D. “编辑｜选项”

16. 在 Excel 公式运算中，若引用第 6 行的绝对地址和第 D 列的相对地址，则应为________。

A. $ 6D　　　　B. $ D6

C. 6D　　　　D. D$ 6

17. 可以激活 Excel 菜单栏的功能键是________。

A. F1　　　　B. F10

C. F9　　　　D. F2

18. 在 Excel 中，当某一单元格显示一排与单元格等宽的“#”时，________的操作不能将其中数据正确显示出来。

A. 改变单元的显示格式　　　　B. 减少单元的小数位数

C. 加宽所在列的显示宽度　　　　D. 取消单元格的保护状态

19. ________是绝对地址。

A. D5　　　　B. * A5

C. $D5　　　　D. 以上都不是

20. 如果 A1：A5 单元格的值依次为 10、15、20、25、30，那么 COUNTIF(A1：A5，">20")等于________。

A. 2　　　　B. 3

C. 4　　　　D. 5

21. 用“图表向导”建立嵌入图表，需要经过________个步骤。

A. 6　　　　B. 3

C. 5　　　　D. 4

22. 进行输入操作时，如果先选中单元格区域，则输入数据后的结果是________。

A. 系统会提问是在当前活动单元格中输入还是在所有选中单元格中输入

B. 只有当前活动单元格中会出现输入的数据

C. 系统提示“错误操作”

D. 凡是所选中的单元格中都会出现所输入的数据

23. 对于 Excel 的自动填充功能，正确的说法是________。

A. 日期和文本都不能进行填充　　　　B. 只能填充数字和日期系列

C. 不能填充公式　　　　D. 数字、日期、公式和文本都可填充

24. 在 Excel 中，进行公式复制时发生改变的是________。

A. 绝对地址中所引用的单元格　　　　B. 相对地址中所引用的单元格

C. 相对地址中的地址偏移量　　　　D. 绝对地址中的地址表达

25. 在输入公式时，由于输入错误，使系统不能识别输入的公式，则会出现一个错误信息。#REF！表示________。

A. 在不相交的区域中指定了一个交集　B. 没有可用的数值

C. 公式中某个数字有问题　D. 引用了无效的单元格

26. 在 Excel 中选取单元格区域时，当前活动单元格是________。

A. 第一个选取的单元格范围的左上角的单元格

B. 最后一个选取的单元格范围的左上角的单元格

C. 每一个选定单元格范围的左上角的单元格

D. 在这种情况下，不存在当前活动单元格

27. 在数据移动过程中，若目的地已经有数据，则 Excel 会________。

A. 直接将目的地的数据后移　B. 请示是否将目的地的数据覆盖

C. 请示是否将目的地的数据后移　D. 直接将目的地的数据覆盖

28. Excel 工作表的 Sheet1、Sheet2……是________。

A. 工作表标签　B. 菜单

C. 单元格名称　D. 工作簿名称

29. 以下不是 Excel 的函数的是________。

A. 逻辑函数　B. 作图函数

C. 数学和三角函数　D. 文本函数

30. Excel 中，工作表与工作簿之间的关系是________。

A. 工作簿是由若干个工作表组成的　B. 工作簿与工作表之间不存在隶属的关系

C. 工作簿与工作表是同一个概念　D. 工作表是由工作簿组成的

31. 选择“编辑”菜单中的“复制”命令时，出现在单元格周围的虚线框称为________。

A. 自动填充柄　B. 剪切

C. 点线框　D. 高亮度

32. 在 Excel 中当鼠标移到自动填充柄上时，鼠标指针变为________。

A. 双十字　B. 双箭头

C. 黑十字　D. 黑矩形

33. 在 Excel 工作表中，A1、A8 单元格的数值都为 1，A9 单元格的数值为 0，A10 单元格的数据为 Excel，则函数 AVERAGE(A1：A10)的结果是________。

A. 0. 666667　B. 1

C. 8/9　D. ERR

34. Excel 菜单命令旁边的“…”表示________。

A. 不执行该命令　B. 执行该命令会打开一个对话框

C. 该命令当前不能执行　D. 该菜单下还有子菜单

35. 在 Excel 中，将 3、4 两行选定，然后进行插入行操作，下面正确的是________。

A. 在行号 3 上面插入两个空行　B. 在行号 4 下面插入两个空行

C. 在行号 3 和 4 之间插入两个空行　D. 在行号 3 和 4 之间插入一个空行

二、判断题

1. 启动 Excel 只能通过“开始”按钮这一种方法。（　）
2. 启动 Excel 后，会自动产生名为“Book1. xls”的工作簿文件。（　）
3. 可以用填充柄执行单元格的复制拷贝操作。（　）
4. Excel 中常用工具栏中的格式刷，不能复制数据，只能复制数据的格式。（　）
5. 在 Excel 工作表中可以完成超过四个关键字的排序。（　）
6. 在单元格中输入 781101 和输入'781101 是等效的。（　）
7. “图表向导”方法可以生成不嵌入工作表的图表。（　）
8. D2 单元格中的公式为“=a2+a3-c2”，向下自动填充时，D4 单元格的公式应为“a4+a5-c4”。（　）
9. 执行 SUM(A1：A10)和 SUM(A1，A10)这两个函数的结果是相同的。（　）
10. Excel 已为用户建立了多个函数，用户只能使用这些已建立好的函数，而不能自定义。（　）
11. Excel 中提供了在输入项前添加“′”的方法来区分是“数字字符串”而非“数字”。（　）
12. 一个函数的参数可以为函数。（　）
13. 在 Excel 工作表中，公式单元格显示的是公式计算的结果。（　）
14. 一个图表建立好后，其标题不能修改或添加。（　）
15. 要想在单元格中输入函数，必须在函数名称之前先输入“=”。（　）
16. “零件 1、零件 2、零件 3、零件 4……”，不可以作为自动填充序列。（　）
17. Excel 在工具栏中提供了一个“格式刷”按钮，可以利用它进行单元格的复制和移动。（　）
18. 在数据粘贴过程中，如果目的地已经有数据，则 Excel 会请示是否将目的地的数据后移。（　）
19. 在选中某单元格或单元格范围后，可以按“Del”键来删除单元格内容。（　）
20. 在 Excel 的输入中按 End 键，光标插入点会移到单元格末尾。（　）

三、填空题

1. 保存 Excel 工作簿的快捷键是________+________键。
2. txt 是记事本文档的默认扩展名，________是 Excel 文档的默认扩展名。
3. 除直接在单元格中编辑内容外，也可使用________编辑。
4. 一个工作簿可由多个工作表组成，在默认状态下，由________个工作表组成。
5. 保存工作簿文件的操作步骤是：执行“文件”菜单中的“保存”命令，如果文件为新文件，屏幕显示________对话框，如果该文件已保存过，则系统不出现该对话框。
6. 若 B1：B3 单元格分别为 1，2，3，则公式 SUM(B1：B3，5)的值为________。
7. Excel 单元格中，在自动情况下，数值数据靠右对齐，日期和时间数据靠________

对齐，文本数据靠________对齐。

8. 单元格的引用分为相对引用、绝对引用和混合引用，对单元格 A5 的绝对引用是________。

9. 在 Excel 中，数字数据作为文本数据输入，则需在数字前加________。

10. 若 COUNT(F1：F7)= 2，则 COUNT(F1：F7，3)= ________。

第5章 演示文稿软件 PowerPoint 2003

实训一 PowerPoint 2003 的基本操作及布局

一、实训目的

(1)学会利用版式设计来创建演示文稿。
(2)掌握在幻灯片上插入文本框、图片等。

二、实训任务

(1)认识 PowerPoint 的窗口组成、菜单栏、工具栏、任务窗格。
(2)理解版式、母版，设计幻灯片风格。
(3)在幻灯片中插入文本框、图片、表格、艺术字等对象，学会幻灯片布局。

三、实训内容

在 PowerPoint 中新建一张幻灯片，选择版式为“标题幻灯片”，将“blends. pot”模板应用于整个演示文稿，用来介绍联想公司的员工情况。实训效果如图 5. 1 所示。

(1)主标题为“联想科技”，字形为“加粗”。
(2)设置副标题为“公司简介”，字体为“宋体”，字形为“斜体”。
(3)插入一张新幻灯片，版式为“标题，文本域剪贴画”；标题为“员工概况”，字号为“60”，字体为“黑体”。
(4)在添加文本处添加以下内容：“公司共有员工 20000 人，其中博士 100 人，硕士 400 人”。
(5)在插入剪贴画处添加任意一幅剪贴画，设置剪贴画的高度为“5”，宽度为“4”。
(6)在最后一张幻灯片上插入艺术字“谢谢大家!”。
(7)将演示文稿保存为“联想公司概况 . ppt”。

四、操作提示

1. 设置幻灯片字体

在设置幻灯片上字体、字号和字形时，可以选中需要设置格式的文字，如图 5. 2(a)所示；也可以选中文本框，如图 5. 2(b)所示。

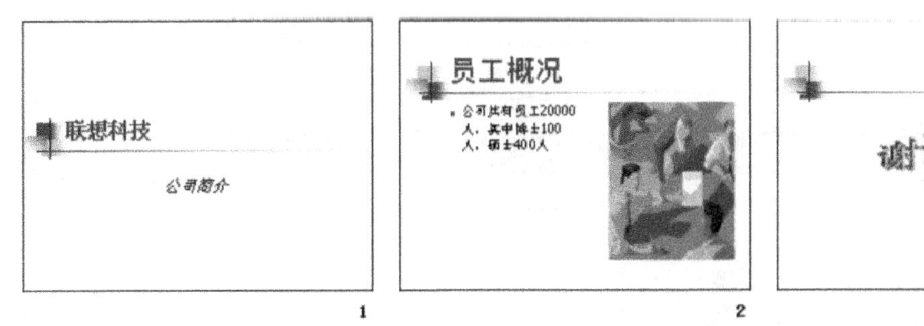

图 5.1　实训效果图

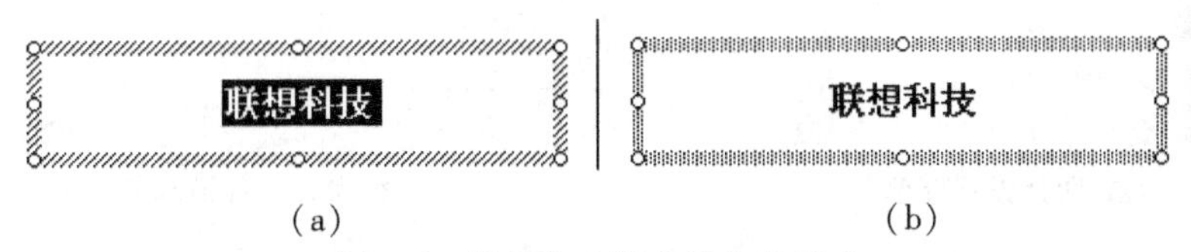

(a)　　　　(b)

图 5.2　设置文本框中的文字格式

2. 设置幻灯片版式

为幻灯片设置版式时，右键单击需要设置的幻灯片，弹出如图 5.3 所示的快捷菜单，选择“幻灯片版式(L)…”，在窗口的右边出现“幻灯片版式”窗格，如图 5.4 所示。

图 5.3　幻灯片快捷菜单

图 5.4　幻灯片版式窗格

3. 设置图片尺寸

设置图片尺寸时，可单击图片，此时图片的四周均匀分布着 8 个空心圆圈。点右键，在快捷菜单中选择“设置图片格式”，如图 5.5(a)所示，在“设置图片格式”对话框中设置颜色和线条、尺寸、位置等格式，如图 5.5(b)所示。

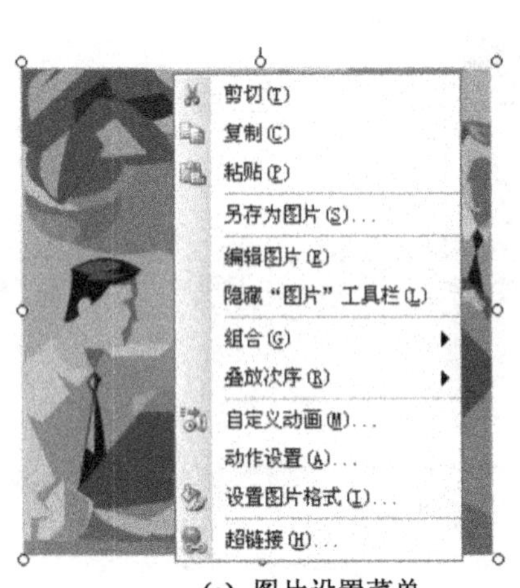

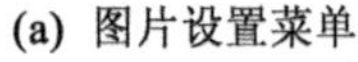
(a) 图片设置菜单

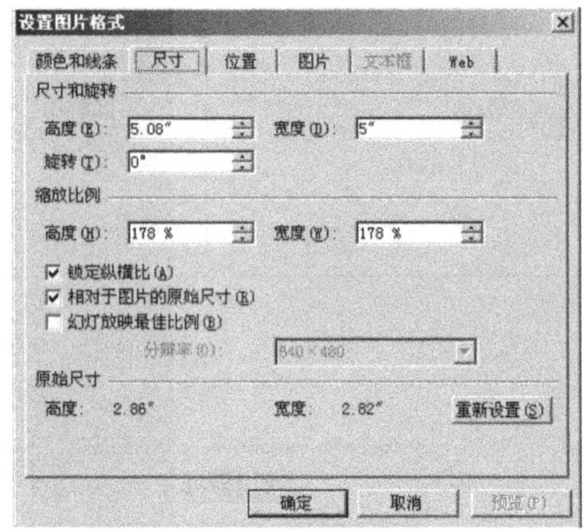

(b)设置图片格式对话框

图 5.5　设置图片格式

4. 插入并设置艺术字效果

在此插入艺术字的方法与在 Word 中相同。

实训二　自定义动画、超级链接与幻灯片切换

一、实训目的

(1)掌握自定义动画的设置方法。

(2)熟悉超链接的使用。

(3)熟悉设置放映方式的方法。

(4)掌握幻灯片之间的切换方式。

二、实训任务

(1)为演示文稿添加各种动画效果。

(2)为幻灯片添加超链接使其能够随机切换。

(3)设置幻灯片的切换效果。

三、实训内容

(1)制作如"样文一"(唐诗欣赏 . ppt)所示的演示文稿。

“样文一”

1

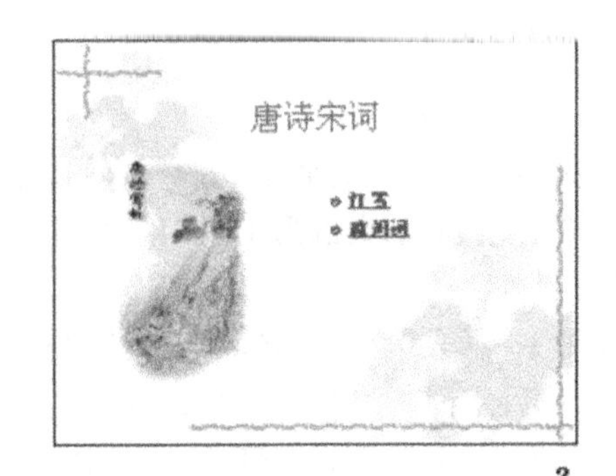

2

江雪

千山鸟飞绝，
万径人踪灭。
孤舟蓑笠翁，
独钓寒江雪。

柳宗元

3

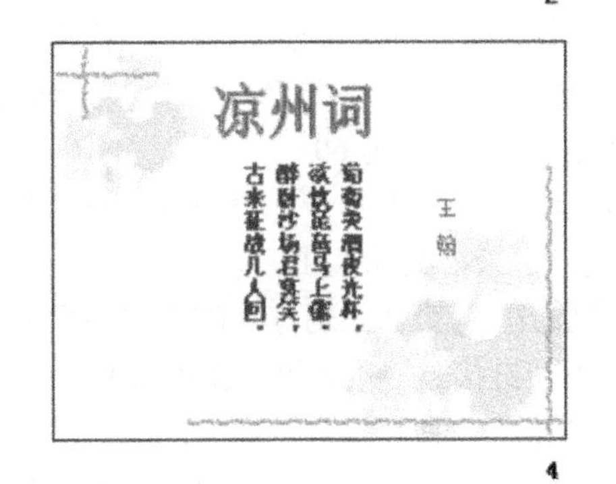

4

(2)制作如“样文二”(生活 . ppt)所示的演示文稿。

“样文二”

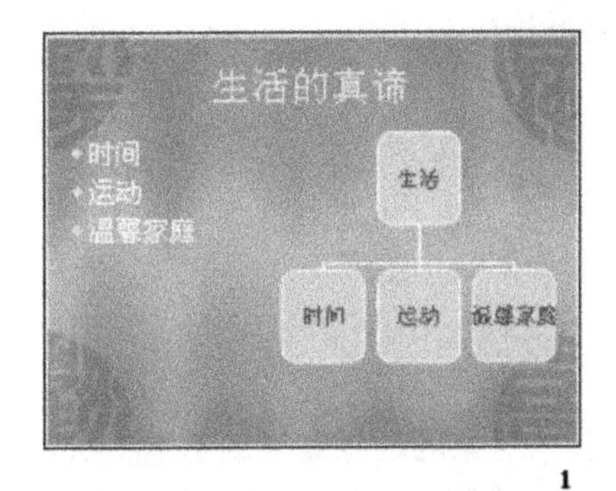

1

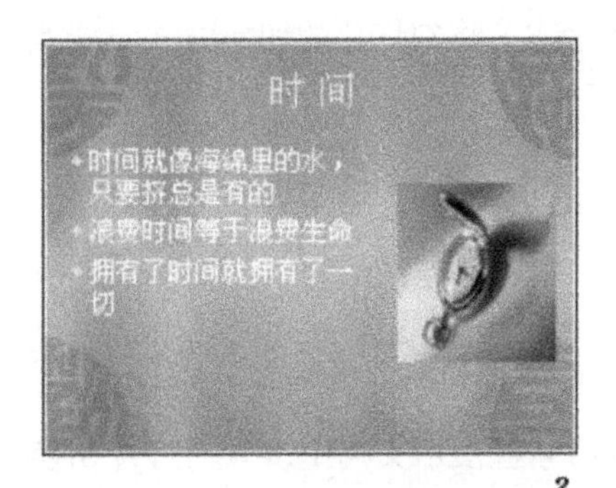

2

运动

生命在于运动
健康是最大的财富
健康的体魄是成功的基石

3

4

四、操作提示

1.“样文一”的制作

步骤1：创建“唐诗欣赏.ppt”演示文稿，并应用“古瓶荷花.pot”模板修饰全文。

步骤2：在演示文稿第1张幻灯片的主标题栏输入“唐诗欣赏”，字体：华文新魏，字号：66。

步骤3：插入第2张幻灯片，应用“标题，剪贴画与文本”版式，在幻灯片的标题处输入文字“唐诗宋词”，文本处输入：江雪、凉州词；并插入图片“唐诗赏析.jpg”。

步骤4：插入第3张幻灯片，应用“垂直排列标题和文本”版式，在幻灯片的标题处输入文字“柳宗元”，字体为“宋体”，字号为24；在文本处输入诗句“千山鸟飞绝，万径人踪灭。孤舟蓑笠翁，独钓寒江雪。”，字体为“宋体”，字号为36；插入艺术字“江雪”，字体为“隶书”，字号为60。

步骤5：重复上一步，再插入“凉州词 葡萄美酒夜光杯，欲饮琵琶马上催。醉卧沙场君莫笑，古来征战几人回。”。

步骤6：为第2张幻灯片的文本“江雪”添加超链接，链接到第3张幻灯片；为“凉州词”添加超链接，链接到第4张幻灯片。

2.“样文二”的制作

步骤1：创建“生活.ppt”演示文稿，在第1张幻灯片中插入组织结构图，父结点输入文本“生活”，子节点分别输入文本“时间”、“运动”、“温馨家庭”。

步骤2：为第2、3、4张幻灯片上的元素设置动画，标题效果均设置为“向内溶解”，文本设置为“从左边飞入”，剪贴画设置为“盒状展开”(注意动画播放的顺序)。

步骤3：将幻灯片的切换方式设置为“水平百叶窗”。

实训三　综合训练

一、实训目的

(1)掌握演示文稿中设置幻灯片切换效果和各个对象的动画效果的基本方法。

(2)学会通过插入动作按钮和超级链接创建交互式演示文稿，以及放映演示文稿、设置自定义放映，打印预览演示文稿。

(3)掌握母版设计方法，在母版中插入声音和图片。

(4)掌握设计母版的动画方案。

(5)掌握设置幻灯片自动放映的基本技巧。

二、实训任务

展示家乡美：设计一个演示文稿，主题为“家乡美”，至少包含10张幻灯片，介绍家乡的游、住、行、食等方面的特色。要求使用超级链接、图片、表格、多媒体等来丰富主题。

三、实训内容

(1)制作幻灯片母版，在幻灯片母版中插入声音和背景图片。

(2)第 1 张为封面，标题为“家乡美”。

(3)第 2 张为项目编号，如：

- 游
- 住
- 行
- 食

(4)为每个项目设置超链接，链接可以是幻灯片，也可以是表格，还可以是 word 文档或者网页。如果链接的是幻灯片，可以在所链接的幻灯片上插入动作按钮，使其能返回到第 2 张幻灯片。

(5)第 3 张插入主要景点的图片，并为每个图片对象设置动画效果。

(6)为每张幻灯片设置切换效果。

(7)放映演示文稿，观察动画效果及超级链接。

四、操作提示

1. 设置动画方案

步骤 1：选中第一张幻灯片，选择菜单栏“幻灯片放映”|“动画方案”命令，打开“幻灯片设计”的“动画方案”任务窗格。

步骤 2：在“应用于所选幻灯片”的列表中选择“缩放”，单击“播放”按钮，可以预览动画效果。

2. 设置幻灯片切换

步骤 1：选中第 1 张幻灯片，选择菜单栏“幻灯片放映”|“幻灯片切换”命令，或在幻灯片窗格单击鼠标右键，在快捷菜单中选择“幻灯片切换”命令，打开“幻灯片切换”任务窗格。

步骤 2：在“应用于所选幻灯片”的列表中选择“向下插入”，在“声音”的下拉列表中选择“鼓掌”，在“换片方式”的数值框中输入 5，并选中此复选框。

步骤 3：在大纲窗格中选中第 2 张幻灯片，按住 Shift 键不放，鼠标单击第 4 张幻灯片，则选中了第 2、3、4 张幻灯片。

步骤 4：选择菜单栏“幻灯片放映”|“幻灯片切换”命令，打开“幻灯片切换”任务窗格。

步骤 5：在“应用于所选幻灯片”的列表中选择“水平百叶窗”。

3. 自定义动画

步骤 1：选中第 3 张幻灯片，选择菜单栏“幻灯片放映”|“自定义动画”命令，打开“自定义动画”任务窗格。

步骤 2：在幻灯片窗格中选择标题，单击“添加效果”按钮，在弹出的菜单中选择“进

入”|“飞入”。在“方向”下拉列表中选择“自顶部”，在“速度”下拉列表中选择“快速”。

步骤3：在幻灯片窗格中选择文本，单击“添加效果”按钮，在弹出的菜单中选择“进入”|“其他效果”，打开“添加进入效果”对话框，在列表中选择“基本型”下的“圆型扩展”。

步骤4：在列表中选定文本的动画项目，双击此项目，打开“动画效果”对话框。

步骤5：在“动画效果”对话框中选择“计时”选项卡。在“开始”列表中选择“之后”，在“延迟”数值框中输入时间间隔“0.5”，则文本动画在前一个动画项目完成后0.5秒立即开始。

步骤6：在幻灯片窗格中选择图片，单击“添加效果”按钮，在弹出的菜单中选择“进入”|“其他效果”，打开“添加进入效果”对话框，在列表中选择“华丽型”下的“玩具风车”。

4. 修改自定义动画

对于一个对象，可添加多个动画效果，动画项目的顺序也可以调整。

步骤1：在幻灯片窗格中选择文本，单击“添加效果”按钮，在弹出的菜单中选择“退出”|“飞出”。

步骤2：在列表中选定文本退出的动画项目，通过“重新排序”按钮的上移箭头将其顺序调整到图片动画项目之后。

5. 插入超级链接

在PowerPoint中，用户可以通过插入超级链接或动作按钮等对象，在放映时跳转到演示文稿的其他幻灯片、其他文件、网页。

步骤1：选中第一张幻灯片上的文本“游”，选择“插入”|“超链接”命令，或单击“常用”工具栏的按钮，或按鼠标右键弹出快捷菜单，在快捷菜单中选择“超链接”命令，打开“插入超链接”对话框。

步骤2：在“插入超链接”对话框中，首先在“链接到”中选择“本文档中的位置”，然后在“请选择本文档的位置”的列表框中选择标题为“家乡旅游”的幻灯片。设置完毕后，单击“确定”按钮，关闭此对话框。

步骤3：用同样的方法完成第一张幻灯片中的“住”、“行”、“食”的超链接设置。

6. 插入动作按钮

步骤1：选择菜单栏“视图”|“母版”|“幻灯片母版”命令，切换到幻灯片的母版视图。

步骤2：选择菜单栏“幻灯片放映”|“动作按钮”命令，在打开的子菜单下选择要插入的动作按钮，移动鼠标到幻灯片上，鼠标指针变为十字形。在幻灯片上拖曳出矩形框，打开“动画设置”对话框。

步骤3：在“动画设置”对话框中，单击“超级链接到”单选按钮，在下拉列表中选择“第一张幻灯片”。

步骤4：单击“幻灯片母版视图”工具栏上的“关闭母版视图”按钮，切换到普通视图。

7. 放映演示文稿

选择菜单栏“幻灯片放映”|“观看幻灯片”，即可从第一页幻灯开始放映。

☞**提示：**演示文稿制作完毕，可通过下列方法进行放映。切换到放映视图，或选择“幻灯片放映”|“观看放映”命令(快捷键 F5)。在放映过程中，可以通过单击鼠标左键，或按空格键、回车键、PageDown 键、“↓”方向箭头等方法换到下一张；按 PageUp 键或↑方向键头切换到上一张。或者按鼠标右键，弹出快捷菜单，选择“下一张”、“上一张”命令来切换幻灯片。要中途结束幻灯片的放映，可在快捷菜单中选择“结束放映”命令或按键盘上的 Esc 键。

8. 打印预览演示文稿

步骤 1：选择菜单栏“文件”|“打印”命令，打开“打印”对话框。

步骤 2：在“打印”对话框中，单击“打印范围”下的“幻灯片”单选按钮，在文本框中输入幻灯片的编号“2~6”。

步骤 3：在“打印内容”下拉列表中选择“讲义”，在“每页幻灯片数”下拉列表中选择每页打印的幻灯片数目“6”。

步骤 4：单击“预览”按钮，进入到打印预览视图，预览打印的效果。

练 习 题

一、单项选择题

1. 打开磁盘上已有的演示文稿的方法有________种。

A. 1　　B. 2
C. 3　　D. 4

2. 在 PowerPoint 2003 中，对先前做过的有限次操作，以下正确的是________。

A. 不能对已做的操作进行撤销
B. 能对已做的操作进行撤销，也能恢复撤销后的操作
C. 能对已做的操作进行撤销，但不能恢复撤销后的操作
D. 不能对已做的操作进行撤销，也不能恢复撤销后的操作

3. PowerPoint 2003 窗口中视图切换按钮有________个。

A. 4　　B. 5
C. 6　　D. 7

4. PowerPoint 2003 演示文稿的默认扩展名是________。

A. . ptt　　B. . xls
C. . ppt　　D. . doc

5. 下列________操作不能退出 PowerPoint 2003 演示文稿窗口。

A. 单击“文件”菜单中的“退出”命令
B. 用鼠标左键点击窗口右上角的“关闭”按钮
C. 按 Alt+F4 键
D. 按 Esc 键

6. “文件”菜单中的“打印”命令其快捷键是________。

A. Ctrl+P　　B. Ctrl+S

C. Ctrl+X　　D. Ctrl+N

7. PowerPoint 2003 提供的已安排好的配色方案有________种。

A. 五　　B. 六

C. 七　　D. 八

8. PowerPoint 2003 中用以显示文件名的栏叫________。

A. 常用工具栏　　B. 菜单栏

C. 标题栏　　D. 状态栏

9. 要修改幻灯片中文本框内的内容，应该________。

A. 首先删除文本框，然后再重新插入一个文本框

B. 选择该文本框中所要修改的内容，然后重新输入文字

C. 重新选择带有文本框的版式，然后再向文本框内输入文字

D. 用新插入的文本框覆盖原文本框

10. 将鼠标指针指向幻灯片中的文本，________可用于选择文本。

A. 单击鼠标左键　　B. 三击鼠标左键

C. 单击鼠标右键　　D. 双击鼠标右键

11. 下列________方式不是幻灯片文本框中文本的对齐方式。

A. 左对齐　　B. 分散对齐

C. 居中　　D. 顶端对齐

12. 如果要从第二张幻灯片跳转到第八张幻灯片，应使用菜单“幻灯片放映”中的________。

A. 动作设置　　B. 幻灯片切换

C. 预设动画　　D. 自定义动画

13. 在 PowerPoint 2003 编辑状态下，采用鼠标拖动的方式进行复制操作，需要按下________键。

A. Shift　　B. Ctrl

C. Alt　　D. Alt+Ctrl

14. 下列有关幻灯片操作的正确描述是________。

A. 在大纲视图下不能插入图片对象

B. 在幻灯片浏览视图中，单击鼠标左键可选择幻灯片中插入的对象

C. 利用“编辑”命令中的“查找”命令，可搜索幻灯片中的图片对象

D. 利用“编辑”命令中的“查找”命令，不能搜索幻灯片中的文本对象

15. 对幻灯片中文本进行段落格式设置，设置类型不包括________。

A. 段落对齐　　B. 段落缩进

C. 行距调整　　D. 字距调整

16. 在演示文稿中新增一张幻灯片最快捷的方式是________。

A. 选择“插入”菜单中的“新幻灯片”命令

B. 单击工具栏上的“新幻灯片”按钮

C. 使用快捷菜单

D. 选择“编辑”菜单中的“新幻灯片”命令

17. 通过打开演示文稿窗口上的标尺，可设置文本或段落的缩进，打开“标尺”命令的正确操作方法是________。

A. 选中“编辑”菜单中的“标尺”命令

B. 选中“格式”菜单中的“标尺”命令

C. 选中“视图”菜单中的“标尺”命令

D. 选中“插入”菜单中的“标尺”命令

18. 如果要以听众讲义的格式将演示文稿打印出来，则视图必须先切换到________。

A. 幻灯片　　B. 演讲者备注

C. 听众讲义　　D. 大纲

19. PowerPoint 2003 中使用字体有下画线的快捷键是________。

A. Shift+U　　B. Ctrl+U

C. End+U　　D. Alt+U

20. PowerPoint 2003 中使字体变粗的快捷键是________。

A. Ctrl+B　　B. Shift+B

C. Alt+B　　D. Tab+B

二、填空题

1. 普通视图包含三种窗格：________窗格、________窗格和________窗格。

2. 利用________制作的演示文稿具有固定的格式和背景图案；利用________制作的演示文稿具有统一的背景图案。

3. 在采用“空白”版式的幻灯片中输入文字内容时，需要先选择“插入”菜单中的________命令添加________。

4. 如果将幻灯片的正文升级为标题或者将标题降级为正文，可以单击大纲工具栏中的________或________按钮。

5. 在幻灯片上，插入剪贴画的方法是选择“插入”菜单下“图片”级联菜单中的________命令。

6. 选择“格式”菜单中的________命令可以设置幻灯片的背景颜色和效果。

7. 添加________按钮和创建________链接都可以控制演示文稿的放映顺序。

第6章 数据库技术基础

实训一 Access 2003 数据库和表的操作

一、实训目的

(1)掌握使用 Access 建立数据库和表的方法。
(2)掌握修改表结构的方法。
(3)掌握数据的导入导出方法。

二、实训任务

(1)为某企业创建数据库。
(2)从 Excel 导入数据。
(3)建立关系之间的联系。

三、实训内容

某销售企业的业务数据如表6.1、表6.2、表6.3、表6.4所示，主要存放该企业的员工基本信息、部门信息、商品信息和销售订单信息，这些数据存放在 Excel 文件中。

表6.1 员工基本信息表

号工号	姓名	性别	年龄	入职时间	住址	工资	部门	简历
E002	东方牧	男	27	3/7/2002	五一北路25号	$2,300.00	D001	1998年毕业
E003	郭文斌	男	50	9/1/2004	公司集体宿舍	$2,500.00	D002	2004年湖南大学毕业
E004	肖海燕	女	29	9/30/2004	公司集体宿舍	$2,300.00	D005	2004年中南大学毕业
E005	张明华	男	45	8/16/1994	韶山北路55号	$1,500.00	D002	仓储部主管
E006	李华	女	56	10/11/2008	公司集体宿舍	$900.00	D001	2005年湖南师大毕业
E007	刘叶	女	31	3/4/2005	公司集体宿舍	$2,200.00	D002	2006年国防科技大学毕业

表 6.2　　　　部门信息表

部门编号	部门名称	经理	职责
D001	销售部	马名	行政接待、内部管理、后勤
D002	市场部	陈晓兵	时尚策划、宣传
D005	经理办	赵永锋	联系客户、签订合同、售后服务
D004	仓储部	李为民	仓库管理

表 6.3　　　　商品信息表

商品号	商品名	单价	库存
G00001	IBM R51	$9,999	10
G00002	旭日 160-D1.7G	$9,499	5
G00003	NEC S3000	$9,900	12
G00004	HP 1020	$1,550	12
G00005	Canon LBP2900	$1,380	8
G00006	HP3938	$450	20
G00007	LS-106C	$2,500	5

表 6.4　　　　订单信息表

订单号	商品号	订购数量	员工号	客户编号	折扣	订购日期	发货日期
S00002	G00003	5	E001	C0002	5.00%	7/5/2005	7/5/2005
S00003	G00004	10	E002	C0003	5.00%	8/5/2005	8/5/2005
S00004	G00005	10	E002	C0003	5.00%	8/6/2005	8/7/2005
S00005	G00001	40	E002	C0004	5.00%	9/1/2008	9/14/2008
S00006	G00005	21	E003	C0006	5.00%	10/11/2008	10/15/2008
S00001	G00001	20	E001	C0001	5.00%	7/4/2005	7/4/2005

(1)请为该公司创建一个名为“公司数据库.mdb”的数据库，并保存在“D:\data”目录下。

(2)根据表6.5~表6.8所示的关系模式，建立表结构。

表 6.5 员工关系模式

列名	数据类型	宽度	说明
员工号	文本	4	员工代码，关键字
姓名	文本	8	员工姓名
性别	文本	2	员工性别
年龄	整型		员工出生日期
入职时间	日期		员工参加工作日期
住址	文本	50	员工地址
工资	货币		员工工资
部门	文本	4	部门代码，来自于部门关系的外部关键字描述该员工的部分
简历	文本	200	员工简历

表 6.6 销售订单关系模式

列名	数据类型	宽度	说明
订单号	文本	6	订单代码，整个关系中还有一个采购订单，故在这里列名为 Order_ ID1
商品号	文本	6	商品编号，来自于商品关系的外部关键字，描述该订单所订购的商品编号
员工号	文本	4	销售员编号，来自于员工关系外部关键字，描述该订单由谁签订
客户编号	文本	4	客户编号，来自于客户关系的外部关键字，描述该订单与谁签订
订购数量	整型		订货数量
折扣	单精度		折扣率
订购日期	日期		订单签订日期
发货日期	日期		约定的发货日期

表 6.7 商品关系模式

列名	数据类型	宽度	说明
商品号	文本	4	商品编号，关键字
商品名	文本	50	商品名称
单价	货币		单价
库存	整型		现有库存量

表 6.8　　　　　　　　　　　　部门关系模式

列名	数据类型	宽度	说明
部门编号	文本	4	部门编号，关键字
部门名称	文本	50	部门名称
经理	文本	8	负责人
职责	文本	100	职能描述

(3)将 Excel 文件中的数据导入到 Access 中。

(4)建立各表之间的关联。

四、操作提示

1. 修改文本类型数据的长度

创建表时，如果该字段是文本类型，长度为 50，则点击“数据类型”列后选择“文本”，然后在“常规”选项卡中修改长度及其他属性，如图 6.1(a)所示。

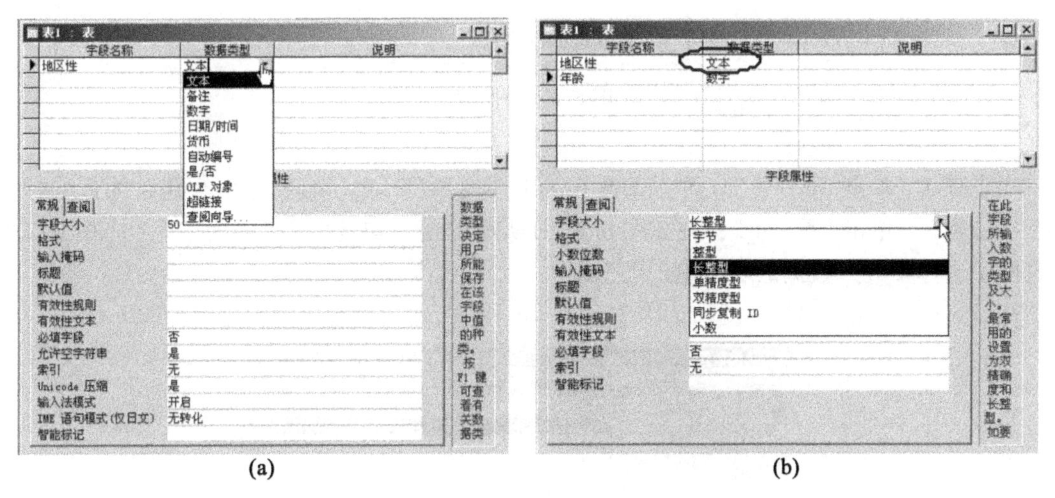

图 6.1　表设计视图

2. 选定字段的数值类型

当字段是数字类型时，在“常规”选项卡中的“字段大小”下拉列表框中选择需要的数值类型，如整型、单精度型、双精度型、小数等，同时也可以修改其他属性。如图 6.1(b)所示。

3. 导入数据时使用导入数据向导

具体操作步骤如下：

步骤 1：右击数据库对象窗口中的“表”对象，在弹出的如图 6.2 所示的快捷菜单上选择“导入”，Access 要求选择源文件及类型，在“文件类型处”选择“Microsoft Excel(＊.xls)”，然后选择要导入的文件名，出现如图 6.3(a)所示的导入数据表向导。

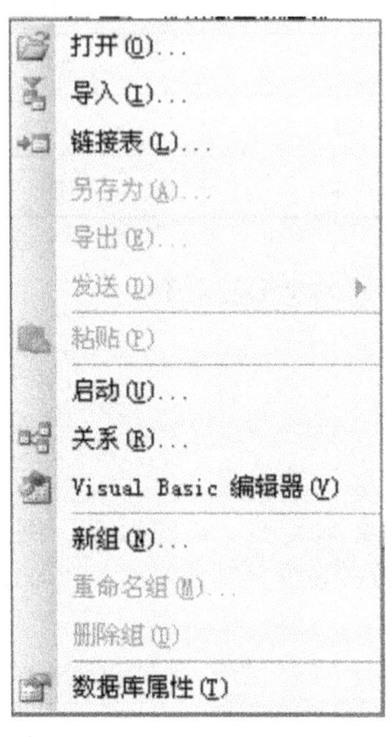

图 6.2 快捷菜单

步骤 2：单击“下一步”，弹出如图 6.3(b)所示的窗口，勾选“第一行包含为标题行”。

步骤 3：单击“下一步”，在如图 6.3(c)所示的窗口勾选“现有的表中”，并在下拉列表框中选择要导入数据的表。单击“完成”。

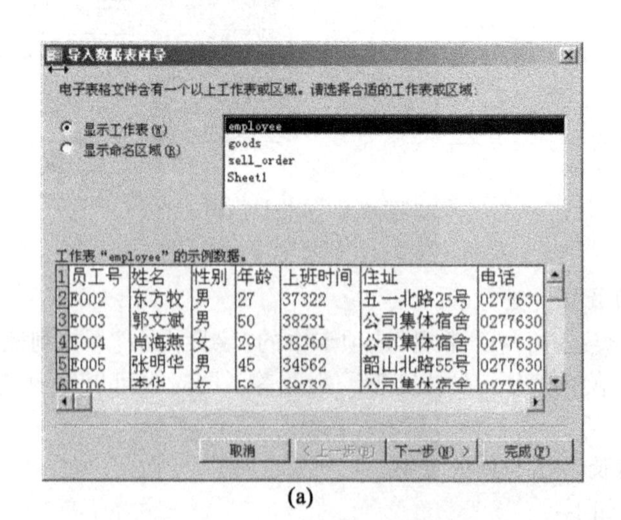

(a)

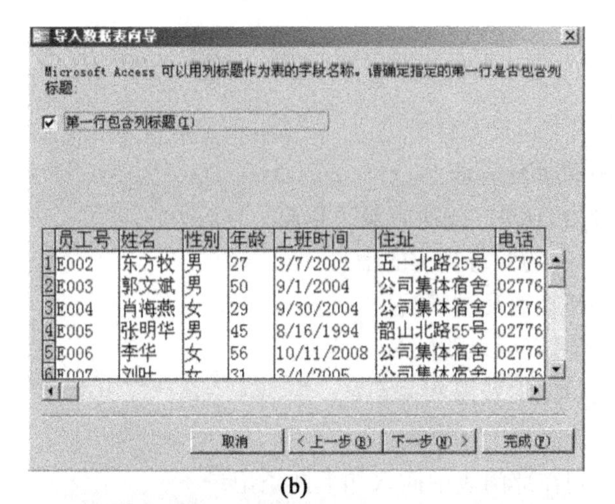

(b)

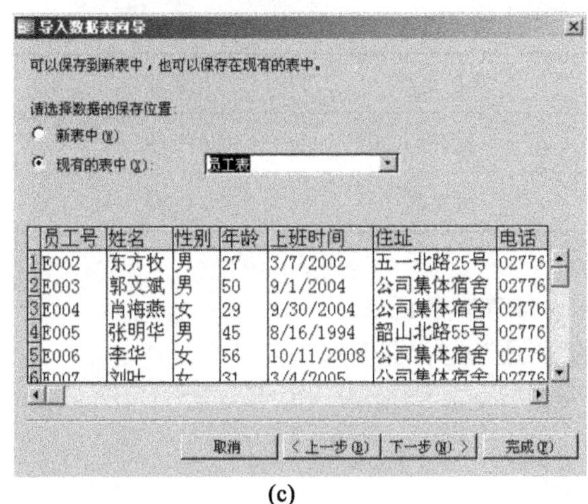

(c)

图 6.3　导入数据

实训二　数 据 查 询

一、实训目的

(1)掌握数据更新的方法。
(2)掌握数据查询的方法。

二、实训任务

(1)使用 Access 提供的查询设计器设计查询。
(2)使用 SQL 语句表达查询。
(3)使用 SQL 语句更新数据表中的数据。

三、实训内容

(1)建立查询完成下列查询任务。

①显示部门表中的所有信息。

②显示部门编号为“D001”的所有员工信息。

③查询年龄大于 40 的所有员工的信息。

④查询某员工的销售商品的情况。

⑤查询 2012 年 6 月以后入职的员工信息。

⑥查询销售部的员工工资总和。

(2)编写 SQL 语句完成上述查询。

(3)使用 SQL 语句在部门表中插入如下两条记录。

部门编号	部门名称	经理	职责
D008	商务部	王通	商务洽谈
D009	研发部	邵群	产品研发

(4)删除部门编号为“D009”的记录。

(5)将部门表中的“王通”改为“张昭”。

四、操作提示

(1)SELECT 查询语句。

SELECT 语句是 SQL 语言中最常用的一个语句，实现数据查询的功能。该语句的一般格式如下：

SELECT 字段名列表 FROM 表名

[WHERE 查询条件]

(2)INSERT 语句。

INSERT 语句用于向表中插入一个记录。INSERT 语句格式如下：

INSERT　INTO 表名[(字段名列表)]VALUES(字段值列表)

(3)DELETE 语句。

DELETE 语句用于按照指定条件删除表中的记录。DELETE 语句格式如下：

DELETE　FROM 表名　[WHERE　条件]

(4)UPDATE 语句。

UPDATE 语句用于按照指定的条件更新表中的记录。UPDATE 语句格式如下：

UPDATE 表名 SET 字段名=值，……[WHERE 条件]

实训三　表单操作

一、实训目的

(1)了解表单的使用。
(2)学习使用控件实现数据查询与浏览的基本方法。

二、实训任务

(1)创建窗体。
(2)在窗体上设计图形按钮，使其能够完成数据的增、删、改、查的操作。
(3)设计窗体布局。

三、实训内容

创建如图 6.4 所示的窗体，实现通过窗体操作数据。

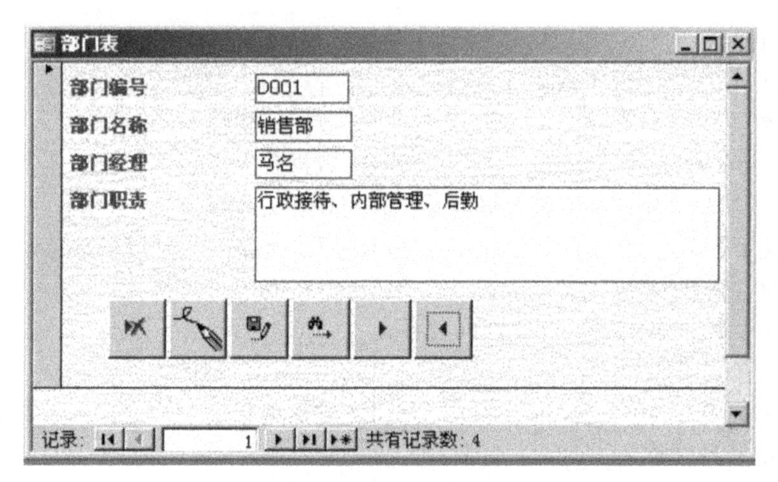

图 6.4　窗体设计效果

四、操作提示

(1)使用向导创建窗体，完成所有步骤后保存该窗体。

(2)右键单击所建立的窗体，在弹出的快捷菜单中选择“设计视图”，将出现如图 6.5 所示的窗体设计工具箱。

(3)单击“按钮”控件，在窗体上拖动鼠标，将绘制出命令按钮，拖动结束后，系统会弹出“命令按钮向导”对话框，为按钮选择相应的操作。如图 6.6 所示。

图 6.5　窗体设计工具箱

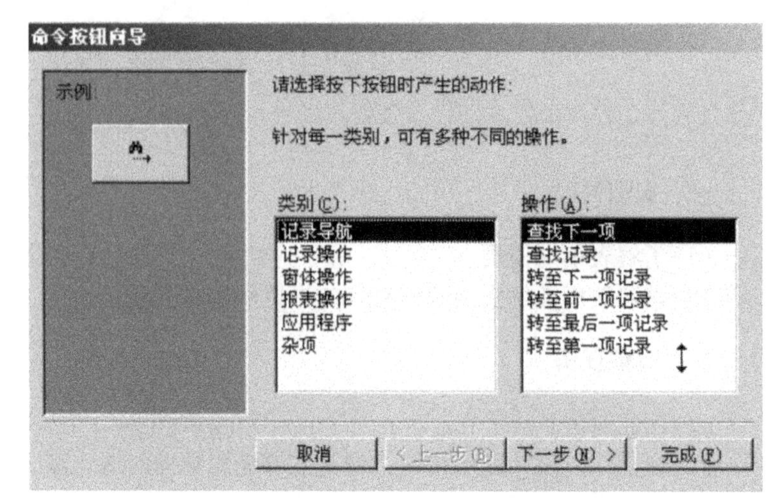

图 6.6　“命令按钮向导”对话框

练　习　题

一、单项选择题

1. 下列四项中，不属于数据库特点的是________。

   A. 数据共享　　B. 数据完整性

   C. 数据冗余很高　　D. 数据独立性高

2. 反映现实世界中实体及实体间联系的信息模型是________。

   A. 关系模型　　B. 层次模型

   C. 网状模型　　D. E-R 模型

3. 在 DBS 中，DBMS 和 OS 之间的关系是________。

   A. 相互调用　　B. DBMS 调用 OS

   C. OS 调用 DBMS　　D. 并发运行

4. SQL 语言通常称为________。

   A. 结构化查询语言　　B. 结构化控制语言

   C. 结构化定义语言　　D. 结构化操纵语言

5. SQL 语言中，SELECT 语句的执行结果是________。

   A. 属性　　B. 表

   C. 元组　　D. 数据库

6. 在数据库中存储的是________。

   A. 数据　　B. 数据模型

   C. 数据以及数据之间的联系　　D. 信息

7. 关闭 Access 方法不正确的是________。

   A. 选择“文件”菜单中的“退出”命令　B. 使用 Alt+F4 快捷键

C. 使用 Alt+F+X 快捷键　　　　D. 使用 Ctrl+X 快捷键

8. 使用 Access 按用户的应用需求设计的结构合理、使用方便、高效的数据库和配套的应用程序系统，属于一种________。

A. 数据库　　　　B. 数据库管理系统

C. 数据库应用系统　　　　D. 数据模型

9. 二维表由行和列组成，每一行表示关系的一个________。

A. 属性　　　　B. 字段

C. 集合　　　　D. 记录

10. 以下叙述中，正确的是________。

A. Access 只能使用菜单或对话框创建数据库应用系统

B. Access 不具备程序设计能力

C. Access 只具备模块化程序设计能力

D. Access 具有面向对象的程序设计能力，并能创建复杂的数据库应用系统

11. 在 Access 中，建立的数据库文件的扩展名为________。

A. dbt　　　　B. dbf

C. mdf　　　　D. mdb

12. 在 Access 中，建立查询时可以设置筛选条件，应在________栏中输入筛选条件。

A. 总计　　　　B. 排序

C. 条件　　　　D. 字段

13. 属于交互式控件的是________。

A. 标签控件　　　　B. 文本框控件

C. 命令按钮控件　　　　D. 图像控件

14. Access 中通过________可以对报表的各个部分设置背景颜色。

A. 格式菜单　　　　B. 编辑菜单

C. 插入菜单　　　　D. 属性对话框

15. 在 Access 的查询中可以使用总计函数，________就是可以使用的总计函数之一。

A. Sum　　　　B. And

C. Or　　　　D. +

16. 数据库 DB、数据库系统 DBS、数据库管理系统 DBMS 三者之间的关系是________。

A. DBS 包含 DB、DBMS　　　　B. DB 包含 DBS、DBMS

C. DBMS 包含 DB、DBS　　　　D. 三者互不包含

17. 图形对象应该设为________型。

A. 图片　　　　B. OLE 对象

C. 备注　　　　D. 视图

18. 数据库的核心是________。

A. 数据库　　　　B. 数据库管理员

C. 数据库管理系统　　　　D. 文件

19. Access 中，在数据表中删除一条记录，被删除的记录________。

A. 不能恢复 B. 可以恢复到原来位置

C. 能恢复，但将被恢复为第一条记录 D. 能恢复，但将被恢复为最后一条记录

20. Access 数据库类型是________。

A. 层次数据库 B. 网状数据库

C. 关系数据库 D. 面向对象数据库

二、填空题

1. 数据库是指有组织地、动态地存储在________上的相互联系的数据的集合。

2. 三种主要的数据模型是________、________、________。

3. 关系代数中专门的关系运算包括：选择、投影和________。

4. 关系模式中，一个关键字可由________，其值能唯一标识该关系模式中任何元组的属性组成。

5. 数据库管理系统中数据操纵语言(DML)所实现的操作一般包括________、________、________、________。

6. 数据库的数据独立性是指________与存储在外存上的数据库中的数据是相互独立的。

7. SQL(Structure Query Language，结构化查询语言)是在数据库系统中应用广泛的数据库查询语言，它包括了________、________、________、________4 种功能。

8. Access 数据库由数据库对象和组两部分组成。其中，对象分为表、查询、________、________、页、宏、模块 7 种。

第 7 章　计算机网络

实训一　网络配置

一、实训目的

(1)掌握网络相关参数的配置。
(2)掌握常见网络测试方法。

二、实训任务

(1)配置网络协议相关参数。
(2)使用 ping 指令，测试网络连通性。

三、实训内容

(1)通过本地连接属性查看本机 IP 地址、子网掩码、默认网关、DNS 服务器地址等参数。
(2)使用 ping 指令测试本地主机与其他主机通信是否正常。

四、操作提示

1. 查看网络参数

步骤 1：鼠标右键点击桌面“网上邻居”图标，在弹出的快捷菜单中选择“属性”选项。在打开的窗口中右击“本地连接”，在弹出的快捷菜单中选择“属性”选项，打开“本地连接属性”对话框，如图 7.1 所示。

步骤 2：选择“Internet 协议(TCP/IP)”选项，单击“属性”按钮，弹出“Internet 协议(TCP/IP)属性”对话框，如图 7.2 所示。此时可以修改本机 IP 地址、子网掩码、默认网关、DNS 服务器地址等参数。

2. 用 Ping 指令测试网络连通性

ping 指令是一个使用频率极高的实用程序，用于确定本地主机是否能与另一台主机交换数据。根据返回的信息(“Reply from ...”表示有应答；“Request timed out”表示无应答)，判断 TCP/IP 参数是否设置正确以及运行是否正常。

步骤 1：从开始菜单执行“开始”|“运行”命令，弹出“运行”对话框，在“打开”文本

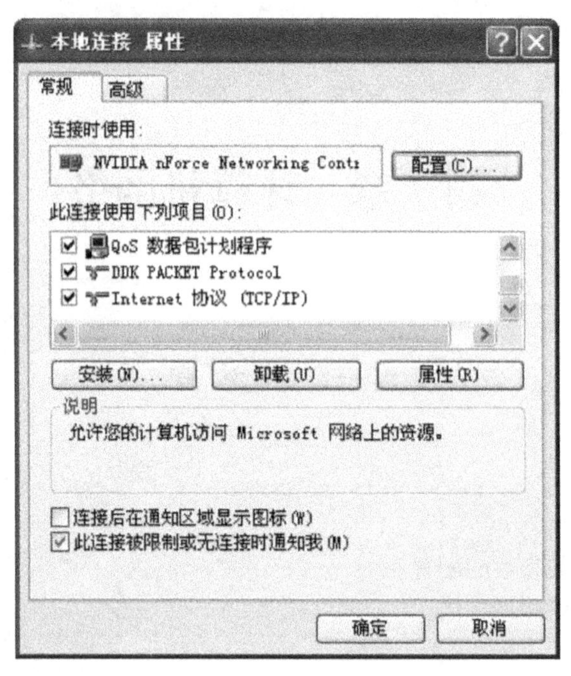

图 7.1　本地连接属性

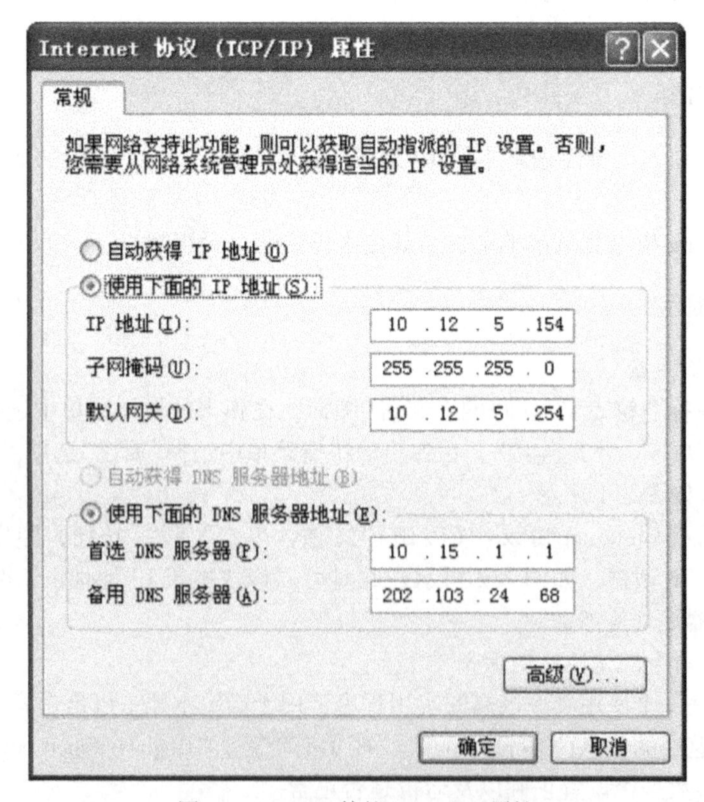

图 7.2　Internet 协议(TCP/IP)属性

框中输入“command”，单击“确定”按钮，打开命令行窗口。

步骤 2：用 ping 指令测试相邻 PC 机是否连通。如相邻 PC 机的 IP 地址为 10.12.5.155，则在命令行窗口输入“ping 10.12.5.155”，若 ping 通，则说明本机与目标主机之间通信正常，如图 7.3(a)所示。若 ping 指令不能给出网络连通的结果，则表明本机与目标主机之间出现了网络故障，如图 7.3(b)所示。

☞**提示**：ping 本机 IP 地址：这个命令被送到本机所配置的 IP 地址，本机始终都应该对该命令做出应答，如果没有，则表示本地 TCP/IP 协议配置或安装存在问题。

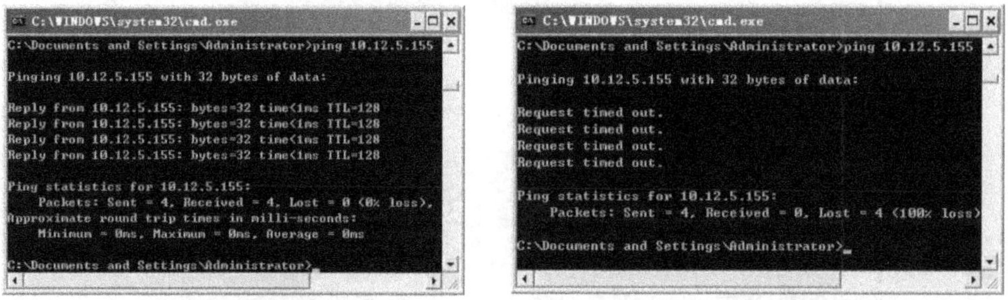

(a) ping 通提示　　(b) 未 ping 通提示

图 7.3　ping 指令测试网络连通性

实训二　浏览器的使用

一、实训目的

(1)熟悉 IE 浏览器的界面。

(2)掌握用浏览器浏览网页的基本方法。

(3)熟练掌握搜索引擎的使用方法。

二、实训任务

(1)使用浏览器 Internet Explorer(简称 IE)浏览网页。

(2)使用搜索引擎进行信息检索并下载相关文件。

三、实训内容

(1)登录“百度”、“新浪”等门户网站，浏览网站内容。

(2)将“百度”网站设置为主页。

(3)使用搜索引擎搜索浏览器软件，下载并安装使用。

(4)整理收藏夹，将“清华大学”的网址添加到收藏夹。

四、操作提示

1. IE 浏览器的使用

步骤 1：双击桌面上的“Internet Explorer”浏览器图标，启动 IE 浏览器，系统将按默认站点连接网站，如图 7.4 所示。

图 7.4 IE 浏览器

步骤 2：在浏览器地址栏输入新浪网址“http://www.sina.com.cn/”，按回车键或单击“转到”按钮，打开该网页，浏览网站内容。

步骤 3：快速查找页面内容。单击菜单栏“编辑”|“查找(在当前页)(F)...”命令，或者在当前页面按下“Ctrl+F”组合键，弹出“查找”窗口，在“查找内容”文本框中输入所需查找的关键词，如“健康”，单击“查找下一个”按钮，IE 会自动定位到关键词所在位置并将其选中。

2. 设置 IE 浏览器的主页

在 IE 浏览器中单击菜单栏“工具”|“Internet 选项”，打开如图 7.5 所示的“Internet 选项”对话框，切换到“常规”选项卡。更改主页地址为“http://www.baidu.com/”，单击“确定”按钮；如当前浏览器显示的是“百度”网站，也可以点击“使用当前页”按钮，则以后每次启动 IE 浏览器或者是单击“主页”按钮，都会打开此页面。

3. 使用搜索引擎

步骤 1：在 IE 浏览器中输入“http://www.baidu.com/”，按回车键，打开网页。在页面的文本框中输入要查找的关键字，如“360 浏览器下载”，单击右边的“百度一下”，就

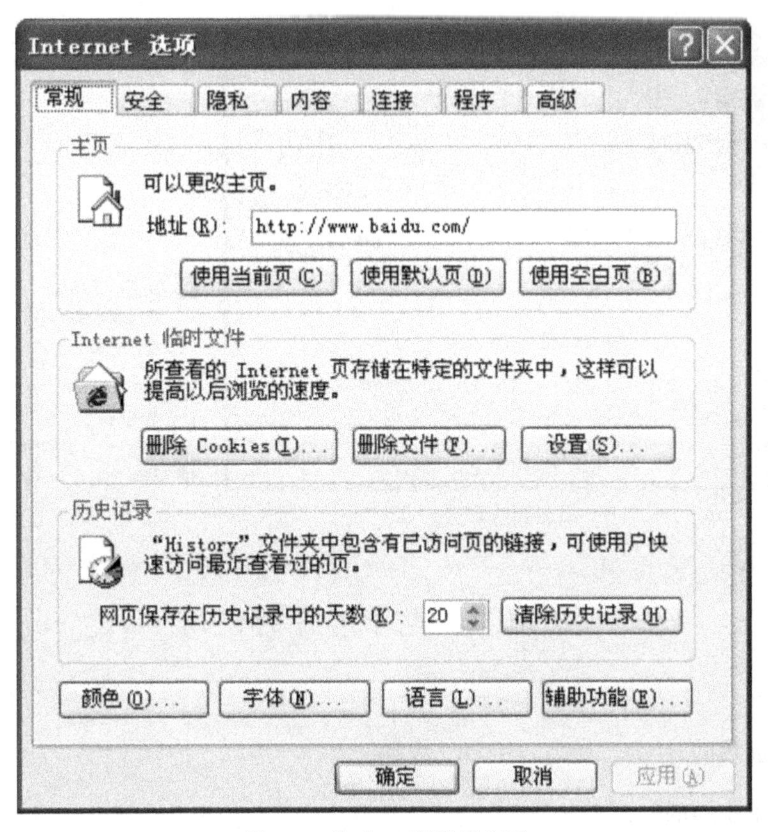

图 7.5　修改 IE 浏览器主页

可以得到搜索到的全部相关的网页信息。

步骤 2：单击与“360 浏览器下载”最相近的超链接打开。

步骤 3：在打开的页面上单击“下载”按钮，将文件保存到桌面上，并双击该应用程序安装使用 360 浏览器。

4. 收藏夹的使用

步骤 1：在 IE 浏览器中用搜索引擎打开“清华大学”的网址。

步骤 2：添加网页到收藏夹。单击菜单栏“收藏” | “添加到收藏夹”命令，弹出“添加到收藏夹”对话框，如图 7.6 所示。点击“确定”按钮，将当前网址收藏到“收藏夹”根目录；也可以选择“新建文件夹”按钮创建相关的子目录，再点击“确定”按钮即可。

步骤 3：单击菜单栏“收藏”命令，可以打开收藏夹中的网页，如图 7.7 所示。

☞**提示**：如果要对收藏夹进行管理，可以单击菜单栏“收藏” | “整理收藏夹”命令，弹出“整理收藏夹”对话框，利用“创建文件夹”、“重命名”、“移到文件夹”、“删除”等按钮进行管理。

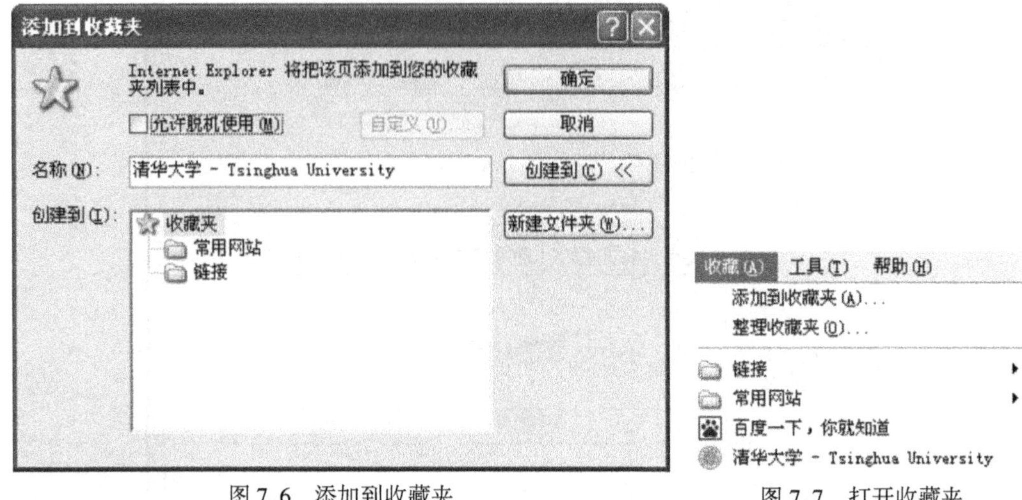

图 7.6　添加到收藏夹　　　　图 7.7　打开收藏夹

实训三　电子邮件的使用

一、实训目的

熟悉电子邮箱的使用。

二、实训任务

在线申请一个免费电子邮箱并通过此邮箱发送、接收电子邮件。

三、实训内容

(1)在网易邮箱中申请一个免费电子邮箱。
(2)使用申请到的电子邮箱发送并接收电子邮件。

四、操作提示

通过电子邮箱收发电子邮件是现在非常流行、方便快捷的联系和交流手段，从不同网站申请和使用电子邮箱的方法大致相同。下面以网易邮箱为例，通过申请一个免费的网易电子邮箱，并使用这个电子邮箱发送和接收电子邮件，来学习邮件的基本使用方法。

1. 申请免费电子邮箱

步骤 1：打开 IE 浏览器，连接到“http：//email. 163. com/”站点，选择“126 网易免费邮”，如图 7. 8 所示。

步骤 2：单击页面上的“立即注册”超链接，跳转到如图 7. 9 所示页面。在注册页面填写想申请的邮箱地址，当系统检测该地址没有被占用后，则可以按要求逐项填写个人信

图 7.8　网易电子邮箱登录页面

息，带“＊”号的为必填项。检查无误后，单击页面底部的“立即注册”按钮，如果填写的信息符合要求，系统会自动转入邮箱界面。

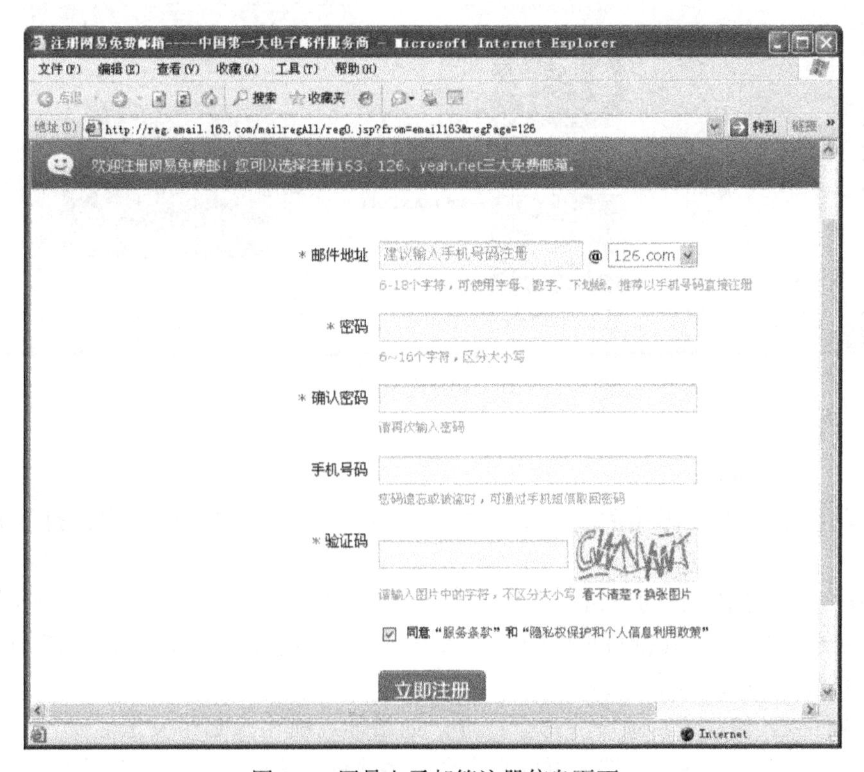

图 7.9　网易电子邮箱注册信息页面

2. 登录电子邮箱

打开 IE 浏览器，连接到“http：//email. 163. com/”站点，在打开的页面中填写注册时的邮箱名与密码，单击“登录”按钮，进入邮箱管理页面，如图 7. 10 所示。登录后页面的左侧显示邮件目录，各主要选项含义如下：

① 收件箱：存放所有接收到的邮件。

② 草稿夹：存放所有撰写但没有发出的邮件。

③ 已发送：存放所有已经发送的邮件。

图 7. 10　网易电子邮箱注册信息页面

3. 发送电子邮箱

步骤 1：登录电子邮箱后，单击页面左侧的“写信”按钮，在右侧将打开邮件撰写页面。

步骤 2：使用刚申请的邮箱给同学发送一封电子邮件，内容自拟，要求每位同学至少发送并接收一封邮件。在撰写页面的各输入框填写相应内容，除收件人和正文外其他选项都可以为空，各主要选项含义如下：

① 收件人：接收这封邮件的邮箱地址。如果你以前往该邮箱发送过邮件，就可以从右侧的“通信录”中选择。收件人可以有多个，各收件人之间以分号“;”分隔。

② 添加抄送：将这封邮件同时发送到多个地址，收件人可以在邮件信息中看到这封

邮件都发送了哪些人。

③ 添加密送：将这封邮件以秘密方式发送给收件人，收件人不能看到所有收件人地址。

④ 主题：这封邮件的主题，通常是邮件内容的简单描述，供收件人判断和处理。

⑤ 添加附件：随邮件正文发送的文件。很多免费电子邮箱对单个附件文件的大小和全部附件的总大小有一定限制。

⑥ 内容：邮件的主体内容。

步骤 3：撰写好邮件后，单击页面上的“发送”按钮，就可以将邮件发送到指定邮箱。发送成功后页面将提示“发送成功”。

4. 接收电子邮箱

登录电子邮箱后，单击页面左侧的“收信”按钮，在右侧将打开“收件箱”页面，并显示有多少封未读邮件，可以通过单击邮件主题打开该邮件。

☞**提示**：接收电子邮件后，如果需要回复这封邮件，可以直接单击该页面上部的“回复”按钮，进入撰写新邮件的页面；另外还可以使用“转发”按钮转发给其他人。

以上介绍的是通过网页方式发送和接收电子邮件，除此之外，我们还可以使用一些专门的电子邮件客户端来撰写、发送和接收电子邮件。常用的电子邮件客户端软件有 Outlook Express、Foxmail 等，Foxmail 的使用在主教材第 9 章常用工具软件进行了介绍。

练　习　题

一、单项选择题

1. 计算机网络技术包含的两个主要技术是计算机技术和________。
   A. 微电子技术　　B. 通信技术
   C. 数据处理技术　　D. 自动控制技术
2. 按照网络覆盖的地理范围，可将计算机网络分为 3 大类，它们是________
   A. 局域网、广域网和互联网　　B. 广域网、局域网和城域网
   C. 广域网、局域网和 Internet 网　　D. Internet 网、互联网和城域网
3. 广域网和局域网是按照________来分的。
   A. 网络使用者　　B. 信息交换方式
   C. 网络连接距离　　D. 传输控制规程
4. 局域网的拓扑结构主要有________、环型、总线型和树型四种。
   A. 星型　　B. T 型
   C. 链型　　D. 关系型
5. 计算机网络的主要目标是________。
   A. 分布处理　　B. 将多台计算机连接起来
   C. 提高计算机可靠性　　D. 共享软件、硬件和数据资源
6. 在局域网常用的拓扑结构中，各节点间由一条公共线路相连，采用一点发送、多

点接收方式进行通信的拓扑结构称为________。

A. 总线结构 B. 星型结构

C. 环型结构 D. 网状结构

7. 在计算机网络中，通常把提供并管理共享资源的计算机称为________。

A. 服务器 B. 工作站

C. 网关 D. 路由器

8. Internet 使用的核心通信协议是________协议。

A. CSMA/CD B. TCP/IP

C. X. 25/X. 75 D. Token Ring

9. 调制解调器用于完成计算机数字信号与________之间的转换。

A. 电话线上的数字信号 B. 同轴电缆上的音频信号

C. 同轴电缆上的数字信号 D. 电话线上的音频信号

10. OSI 的中文含义是________。

A. 网络通信协议 B. 国家信息基础设施

C. 开放系统互联参考模型 D. 公共数据通信网

11. 如果需要共享本地计算机上的文件，必须设置网络连接，允许其他人共享本地计算机。设置“允许其他用户访问我的文件”应在________中进行。

A. “资源管理器”“文件”菜单中的“共享”命令

B. “我的电脑”“文件”菜单中的“共享和安全”命令

C. “控制面板”中的“网络”操作

D. “网上邻居”中的“网络”操作

12. 要在互联网上实现电子邮件收发，所有的用户终端机都必须通过局域网或用 Modem 通过电话线连接到________，它们之间再通过 Internet 相联。

A. 本地电信 B. E-mail 服务器

C. 本地主机 D. 全国 E-mail 服务中心

13. 电子邮件地址的一般格式为________。

A. 用户名@ 域名 B. 域名@ 用户名

C. IP 地址@ 域名 D. 域名@ IP 地址

14. 下列说法中错误的是________。

A. 电子邮件是 Internet 提供的一项最基本的服务

B. 电子邮件具有快速、高效、方便、价廉等特点

C. 通过电子邮件，可向世界上任何一个角落的网上用户发送信息

D. 可发送的多媒体只有文字和图像

15. 当电子邮件在发送过程中有误时，则________。

A. 将自动把有误的邮件删除

B. 邮件将丢失

C. 会将原邮件退回，并给出不能寄达的原因

D. 会将原邮件退回，但不给出不能寄达的原因

16. 电子邮件地址格式为：username@ hostname ，其中 hostname 为________。

A. 用户地址名　　B. ISP 某台主机的域名

C. 某公司名　　D. 某国家名

17. 收到一封邮件，再把它寄给别人，一般可以用________来实现。

A. 回复　　B. 转发

C. 编辑　　D. 发送

18. 互联网的意译是________。

A. 国际互连网　　B. 中国电信网

C. 中国科教网　　D. 中国金桥网

19. 下面是某单位的主页的 Web 地址 URL，其中符合 URL 格式的是________。

A. Http//www. jnu. edu. cn　　B. Http：www. jnu. edu. cn

C. Http：//www. jnu. edu. cn　　D. Http：/www. jnu. edu. cn

20. IP 地址是由________组成的。

A. 三个黑点分隔主机名、单位名、地区名和国家名 4 个部分

B. 三个黑点分隔 4 个 0~255 的数字

C. 三个黑点分隔 4 部分，前两部分是国家名和地区名，后两部分是数字

D. 三个黑点分隔 4 部分，前两部分是国家名和地区名代码，后两部分是网络和主机码

21. 互联网的地址系统规定，每台接入互联网的计算机允许有________个地址码。

A. 多个　　B. 零个

C. 一个　　D. 不多于两个

22. 为 Web 地址的 URL 的一般格式为________。

A. 协议名/计算机域名地址[路径[文件名]]

B. 协议名：/计算机域名地址[路径[文件名]]

C. 协议名：/计算机域名地址/[路径[/文件名]]

D. 协议名：//计算机域名地址[路径[文件名]]

23. 家庭用户与 Internet 连接的最常用方式是________。

A. 将计算机与 Internet 直接连接

B. 计算机通过电信数据专线与当地 Internet 供应商的服务器连接

C. 计算机通过一个调制解调器用电话线与当地 Internet 供应商的服务器连接

D. 计算机与本地局域网直接连接，通过本地局域网与 Internet 连接

24. HTTP 的中文意思是________。

A. 布尔逻辑搜索　　B. 电子公告牌

C. 文件传输协议　　D. 超文本传输协议

25. Internet 起源于________。

A. 美国　　B. 英国

C. 德国　　D. 澳大利亚

26. Telnet 的功能是________。

A. 软件下载　　B. 远程登录

C. www 浏览　　D. 新闻广播

27. 连接到 www 页面的协议是________。

A. HTML　　B. HTTP

C. SMTP　　D. DNS

28. 在 URL："http：//ww. pku. edu. cn/home/welcome. html"中的"www. pku. edu. cn"是指________。

A. 一个主机的域名　　B. 一个主机的 IP 地址

C. 一个 Web 主页　　D. 网络协议

29. 在 Outlook Express 的服务器设置中 pop3 服务器是指________。

A. 邮件接收服务器　　B. 邮件发送服务器

C. 域名服务器　　D. www 服务器

30. 在 Outlook Express 的服务器设置中 smtp 服务器是指________。

A. 邮件接收服务器　　B. 邮件发送服务器

C. 域名服务器　　D. www 服务器

二、填空题

1. 计算机网络从逻辑或功能上可分为两部分：________子网和________子网。

2. 常见的网络交换与互联设备有集线器、________、________。

3. 计算机网络中，通信双方必须共同遵守的规则或约定称为________。

4. 衡量网络上数据传输速率的单位是 bps，其含义是________。

5. OSI 的中文含义是________，它采用分层结构的描述方法，将整个网络通信的功能划分为________个层次，由低至高为________。

6. IP 地址是一个________位的二进制数。

7. Internet 上的每一个信息页都有自己的地址，称为________。

8. Internet 使用的核心通信协议是________。

9. 一台连入 Internet 的主机具有全球唯一的地址，该地址称为________。

10. 在 Intemet 域名地址表示中，"EDU"代码的意义是________。

三、简答题

1. 计算机网络的定义是什么？

2. 计算机网络有哪些功能？

3. 简述网络的分类。

4. 简述网络拓扑结构的分类。

5. 简述网络连接设备有哪些。

6. 简述 TCP/IP 协议的结构与作用。

7. OSI 参考模型包括哪些层次？每个层次的主要功能是什么？

8. IP 地址表示什么？它是怎样表示的？主要有哪三类？它们分别是怎样表示的？各有什么特点？

9. 连接 Internet 的方式有哪几种？

第8章　计算机安全防护

实训一　使用 Windows 系统防火墙

一、实训目的

(1)理解防火墙的基本概念。
(2)掌握 Windows 系统防火墙的设置和使用方法。

二、实训任务

(1)练习 Windows 系统防火墙的启用与关闭。
(2)练习设置防火墙限制或防止程序通过 Internet 或网络访问本地计算机。

三、实训内容

启用 Windows 系统防火墙并限制外部程序通过 Internet 或网络访问本地计算机。

四、操作提示

1. 启用 Windows 系统防火墙

步骤1：单击“开始”|“控制面板”选项，在打开的“控制面板”窗口中，双击“Windows 防火墙”图标按钮，如图 8.1 所示。

步骤2：在弹出的“Windows 防火墙”对话框的“常规”选项卡中，选中“启用”单选按钮后，单击“确定”按钮，即可启用 Windows 系统防火墙，如图 8.2 所示。

2. 添加程序或服务到“例外”列表

启用 Windows 防火墙后，防火墙将阻止所有来自外界的连接请求，除了在“例外”选项卡中设置的程序和服务以外。如果希望网络中的其他客户端能够访问本地的程序或服务，可以将该程序或服务添加到 Windows 防火墙的“例外”列表中以保证它能被外部访问。

步骤1：在“Windows 防火墙”对话框的“例外”选项卡中，单击“例外”列表下方的“添加程序”按钮，打开如图 8.3 所示的“添加程序”对话框。

步骤2：在程序列表中选择要添加的程序，或单击“浏览”按钮搜索未列出的程序。选中程序后，单击“确定”按钮，即添加完毕。

☞**提示**：除了添加程序或服务外，还可以“添加端口”。在“例外”选项卡中单击“添加端

图 8.1　控制面板窗口

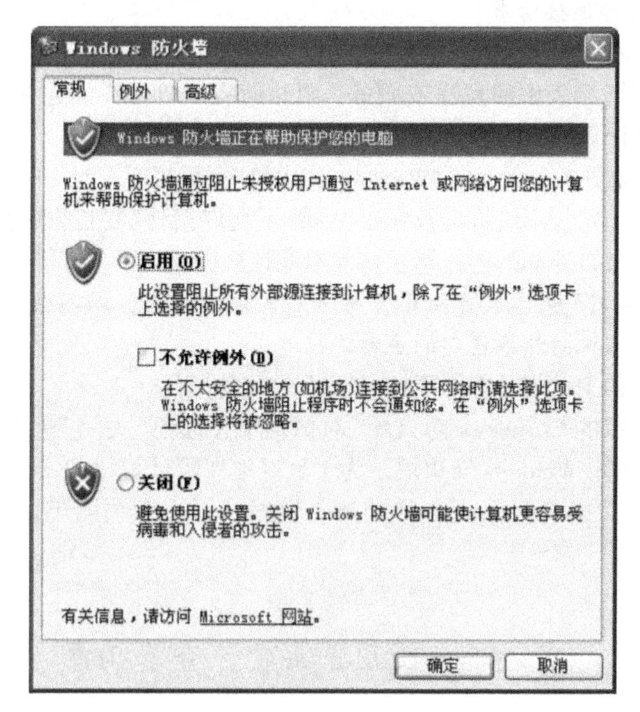

图 8.2　"Windows 防火墙"对话框

口"按钮，在打开的窗口中输入"端口名称"和"端口号"，点击"确定"即可，如为 FTP 下载服务添加 21 端口。

图 8.3　添加程序到“例外”列表

3. 阻止所有外部连接请求

如果是在一些不太安全的地方(如机场)连接到公共网络时，最好选中“不允许例外”复选框，取消“例外”列表中的程序或服务，阻止所有来自外界的连接请求访问本地计算机，以更好地保证计算机的安全。

步骤1：打开如图8.2所示的“Windows 防火墙”对话框。

步骤2：勾选位于“启用”单选按钮下方的“不允许例外”复选框，然后点击“确定”按钮，即可阻止所有来自外部的连接请求访问本地计算机。

☞**提示**：“不允许例外”操作只会阻止来自外界的连接请求，而不会影响用户浏览网页、收发邮件和聊天等本机向外界发起的主动连接请求。

4. 关闭 Windows 防火墙(不推荐)

在如图8.2所示的“Windows 防火墙”对话框中，选中“关闭”单选按钮后，单击“确定”按钮，就可以关闭 Windows 防火墙。为了更好地保障计算机的安全，在没有使用其他更完善的防火墙软件来替代系统自带的防火墙时，不推荐关闭 Windows 系统自带的防火墙。

实训二　使用杀毒软件查杀病毒

一、实训目的

(1)熟悉常用杀毒软件的安装和设置方法。

(2)掌握使用杀毒软件查杀病毒的一般方法和操作过程。

二、实训任务

(1)下载并安装瑞星杀毒软件。
(2)使用瑞星杀毒软件查杀计算机中的病毒。

三、实训内容

使用瑞星杀毒软件查杀计算机指定位置中的病毒。

四、操作提示

1. 下载并安装瑞星杀毒软件

步骤 1：从瑞星的官方网站 http：//www. rising. com. cn/下载最新的瑞星杀毒软件。

步骤 2：下载完成后，双击瑞星杀毒软件的安装程序，按照安装向导的提示安装瑞星杀毒软件，安装过程如图 8. 4 所示。

图 8. 4　瑞星杀毒软件安装过程

2. 使用瑞星杀毒软件查杀指定位置中的病毒

瑞星杀毒软件支持系统内存、系统引导区、系统目录、本地磁盘和文件夹等多种区域的病毒查杀，并提供了三种查杀方式：快速查杀、全盘查杀和自定义查杀。

步骤 1：启动瑞星杀毒软件后，在瑞星杀毒软件的主界面中，单击左侧的“病毒查杀”图标按钮，进入“病毒查杀”标签页界面。如图 8. 5 所示。

图 8.5 “瑞星病毒查杀”界面

步骤 2：单击“自定义查杀”图标按钮，弹出“选择查杀目标”对话框，如图 8.6 所示，选择查杀的目标如“D:”，单击“开始扫描”按钮，开始病毒扫描。病毒查杀过程如图 8.7 所示。

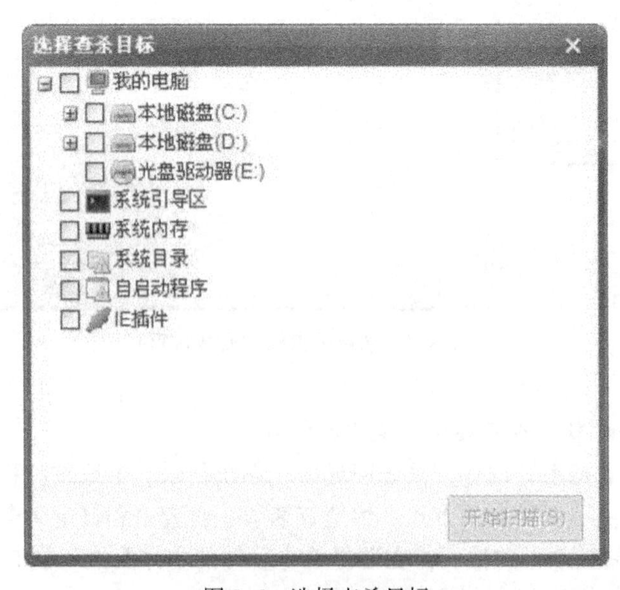

图 8.6 选择查杀目标

☞**提示**：单击“快速查杀”图标，瑞星杀毒软件将只对系统内存、引导区等关键区域进行病毒扫描查杀；而单击“全盘查杀”图标，将会对本地计算机的所有区域进行病毒查杀，以全面清除各种病毒。

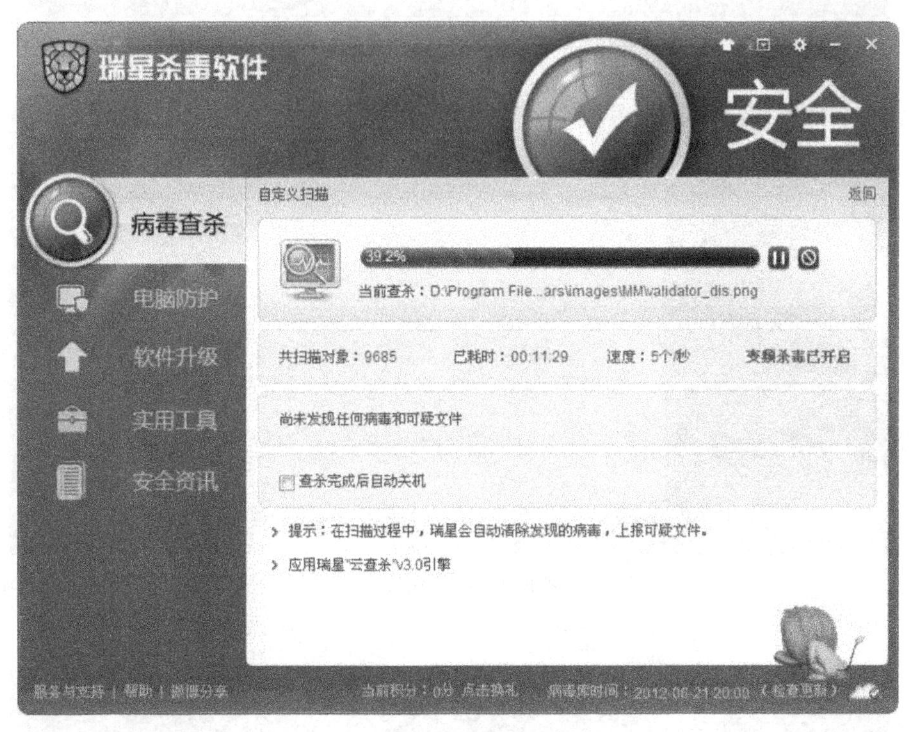

图 8.7　进行病毒查杀

步骤 3：在扫描过程中，可单击“暂停”按钮暂停查杀病毒，再次单击“恢复”按钮则继续查杀；或单击“停止”按钮停止查杀病毒。查杀病毒过程中，在扫描进度条的下方将显示已扫描对象(文件)数、已扫描时间和平均扫描速度。

步骤 4：如果扫描到病毒或可疑文件，将给出病毒和可疑文件的提示，并自动进行查杀处理，如图 8.8 所示。

步骤 5：扫描完毕后，系统将弹出杀毒结束对话框，提示扫描对象数、查杀时间，如图 8.9 所示。单击“确定”按钮，即完成病毒查杀。

图 8.8 进行病毒处理

图 8.9 病毒查杀结束

实训三 开启病毒实时检测和主动防御功能

一、实训目的

(1)理解杀毒软件的实时检测和主动防御功能的概念和基本作用。
(2)掌握设置杀毒软件的实时检测和主动防御功能的方法和步骤。

二、实训任务

(1)启用瑞星杀毒软件的实时检测和主动防御功能。
(2)对瑞星杀毒软件的实时检测和主动防御功能进行设置。

三、实训内容

开启瑞星杀毒软件的实时检测和主动防御功能并进行相应设置。

四、操作提示

1. 开启瑞星杀毒软件的实时检测和主动防御功能

瑞星杀毒软件提供了由“实时监控”和“主动防御”两大功能组成的“电脑防护”，全面保护计算机的安全。在用户进行打开陌生文件、收发电子邮件、浏览网页等操作时，自动查杀和截获病毒，全面保护计算机不受病毒侵害。

步骤1：启动瑞星杀毒软件后，在瑞星杀毒软件的主界面中，单击左侧的“电脑保护”图标，进入“电脑防护”标签页界面，如图8.10所示。

步骤2：依次检查并按需开启“实时监控”和“主动防御”功能列表中的各项监控或防护功能，即可完成开启瑞星杀毒软件提供的“电脑防护”功能。默认情况下，瑞星杀毒软件会开启全部的防护功能。

2. 设置瑞星杀毒软件的实时检测和主动防御功能

步骤1：在如图8.10所示的“电脑防护”标签页界面中，单击需要进行设置的子防护功能右侧的“设置”按钮，或依次单击瑞星杀毒软件主界面右上角的“设置”|“电脑防护设置”选项，打开实时检测和主动防御功能的“设置”界面，如图8.11所示。

步骤2：在右侧显示的各项设置中，根据需要进行设置。默认情况下，瑞星杀毒软件会给出最佳的防护设置，一般不需要用户进行手动配置。

3. 使用瑞星杀毒软件的实时检测和主动防御的功能

开启瑞星杀毒软件的实时检测和主动防御功能后，瑞星杀毒软件会自动进行病毒的检测和防御，不需要用户的干预和操作：

①实时监控功能能够对文件和邮件进行监控，在打开文件和收发邮件时，会自动截获和查杀各类木马、后门、蠕虫等病毒，避免病毒的侵入。

②主动防御功能能够在用户插入U盘、移动硬盘、智能手机等移动设备，使用Word、Excel等办公软件，或通过浏览器浏览网页、打开购物网站时，自动检测相应环境，实时

图 8.10 “电脑防护”界面

图 8.11 设置“实时检测”和“主动防御”功能

拦截和查杀各类病毒，确保用户和计算机的安全。

练　习　题

一、单项选择题

1. 下面关于防火墙的说法中正确的是________。

   A. 防火墙必须由软件及支持该软件的硬件系统组成

   B. 防火墙的主要功能是防止把网外未经授权的信息发送到内网

   C. 任何防火墙都能准确地检测到攻击源

   D. 防火墙的主要支持技术是加密技术

2. 计算机病毒是________。

   A. 一个命令　　B. 一个程序

   C. 一个标记　　D. 一个文件

3. 当你的计算机感染病毒时，应该________。

   A. 立即更换新的硬盘　　B. 立即更换新的内存储器

   C. 立即进行病毒的查杀　　D. 立即关闭电源

4. 杀毒软件能够________。

   A. 消除已感染的所有病毒

   B. 发现并阻止任何病毒的入侵

   C. 杜绝对计算机的侵害

   D. 发现病毒入侵的某些迹象并及时清除或提醒操作者

5. 计算机病毒会造成________。

   A. CPU 的烧毁　　B. 磁盘驱动器的损坏

   C. 程序和数据的破坏　　D. 磁盘的物理损坏

6. 关于计算机病毒，正确的说法是________。

   A. 计算机病毒可以烧毁计算机的电子元件

   B. 计算机病毒是一种传染力极强的生物细菌

   C. 计算机病毒是一种人为特制的具有破坏性的程序

   D. 计算机病毒一旦产生，便无法清除

7. 为了预防计算机病毒，应采取的正确步骤之一是________。

   A. 每天都要对硬盘和软盘进行格式化　　B. 决不玩任何计算机游戏

   C. 不同任何人交流　　D. 不用盗版软件和来历不明的磁盘

8. 以下使用计算机的不好习惯是________。

   A. 将用户文件建立在所用系统软件的子目录内

   B. 对重要的数据常作备份

   C. 关机前退出所有应用程序

   D. 使用标准的文件扩展名

9. 在磁盘上发现计算机病毒后，最彻底的解决办法是________。

A. 删除已感染病毒的磁盘文件　　B. 用杀毒软件处理
C. 删除所有磁盘文件　　D. 彻底格式化磁盘

10. 防止计算机中信息被窃取的手段不包括________。
A. 用户识别　　B. 权限控制
C. 数据加密　　D. 病毒控制

二、填空题

1. 系统引导型病毒传染磁盘的________。

2. 信息安全的内容涉及的主要方面有信息系统安全、________、操作系统安全和数据库系统安全。

3. 计算机病毒按其感染的目标可分为文件型病毒、________和________。

4. 宏病毒主要感染________文件。

5. 蠕虫病毒主要通过________传播。

6. 按病毒的破坏情况可将病毒分为良性病毒和恶性病毒，我们熟知的“CIH”病毒属于________病毒。

7. 防火墙是设置在被保护的内部网络和外部网络之间的________。

8. 机房的三度要求包括温度要求、湿度要求和________要求。

9. 基于检测理论的入侵检测可分为误用检测和________。

10. 人为攻击分为被动攻击和________。

三、判断题

1. 若一张软盘上没有可执行文件，则不会感染病毒。（　）

2. 计算机病毒只会破坏软盘上的数据和文件。（　）

3. 计算机只要安装了防毒、杀毒软件，上网浏览就不会感染病毒。（　）

4. 由于盗版软件的泛滥，使我国的软件产业受到很大的损害。（　）

5. 当发现病毒时，它们往往已经对计算机系统造成了不同程度的破坏，即使清除了病毒，受到破坏的内容有时也是很难恢复的。因此，对计算机病毒必须以预防为主。（　）

6. 计算机职业道德包括不应该复制或利用没有购买的软件，不应该在未经他人许可的情况下使用他人的计算机资源。（　）

7. 计算机病毒在某些条件下被激活之后，才开始起干扰破坏作用。（　）

8. 若一台微机感染了病毒，只要删除所有带毒文件，就能消除所有病毒。（　）

9. 计算机操作系统长时间使用之后，会留下许多垃圾文件，使系统变得相当臃肿，运行速度大为降低。（　）

四、简答题

1. 计算机病毒有哪些特征？

2. 如何采取对计算机病毒的防范措施？

3. 什么是防火墙？防火墙的五个主要功能是什么？

第 9 章　常用工具软件

实训一　使用 WinRAR 压缩文件

一、实训目的

(1)理解文件压缩和解压的基本概念、工作原理和主要作用。
(2)熟悉 WinRAR 压缩软件的工作界面和功能菜单。
(3)掌握使用 WinRAR 压缩软件进行文件压缩与解压的操作方法和步骤。

二、实训任务

(1)使用 WinRAR 压缩软件对文件或文件夹进行压缩。
(2)修改压缩文件内容，删除、替换其中的部分文件或向其中增加新的文件。
(3)使用 WinRAR 对压缩文件进行解压。

三、实训内容

(1)使用 WinRAR 压缩软件将任意 3 个文件压缩成一个压缩文件。
(2)在 WinRAR 工作界面下浏览压缩文件的内容，并修改该压缩文件的内容。
(3)将修改后的压缩文件解压到其他文件路径下。

四、操作提示

1. 使用 WinRAR 压缩软件压缩文件

步骤 1：安装 WinRAR 压缩软件后，选中要压缩的 3 个文件或文件夹，单击鼠标右键，在弹出的快捷菜单中选择“添加到压缩文件”选项，打开“压缩文件名和参数”对话框，如图 9.1 所示。

步骤 2：在“压缩文件名”输入栏中输入压缩文件的名称和存放路径，并根据需要对各项压缩参数进行设置。一般情况下不需要修改压缩设置，直接采用默认设置即可。

步骤 3：设置完毕，点击“确定”按钮开始压缩文件，这时会出现如图 9.2 所示的“正在创建压缩文件”的对话框，显示文件的压缩进度。等待压缩过程结束后，在指定的路径下会生成压缩文件并关闭压缩对话框。

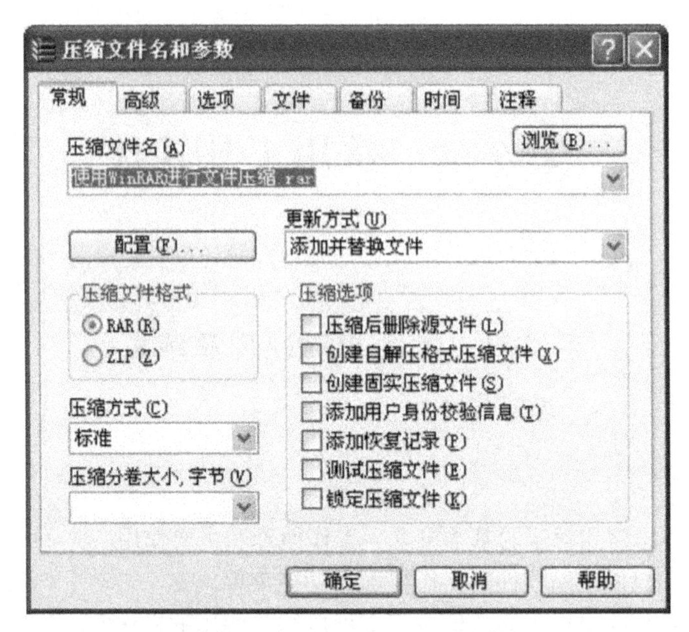

图 9.1　使用 WinRAR 压缩文件

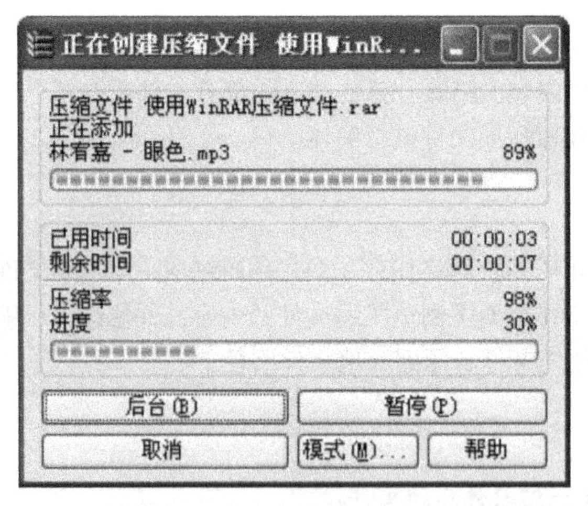

图 9.2　WinRAR 压缩文件的过程

2. 修改压缩文件的内容

步骤 1：选中要修改的压缩文件后，双击使用 WinRAR 打开该压缩文件，如图 9.3 所示。

步骤 2：在打开的 WinRAR 工作界面中，选中要删除的文件，单击菜单栏的“命令”|“删除文件”选项，或直接单击工具栏的“删除”图标按钮，如图 9.4 所示。

步骤 3：在弹出的“删除”对话框中，点击“是”，可将该文件从压缩文件中删除，如图 9.5 所示。也可通过“命令”菜单中的其他选项对压缩文件中的文件进行重命名、查看

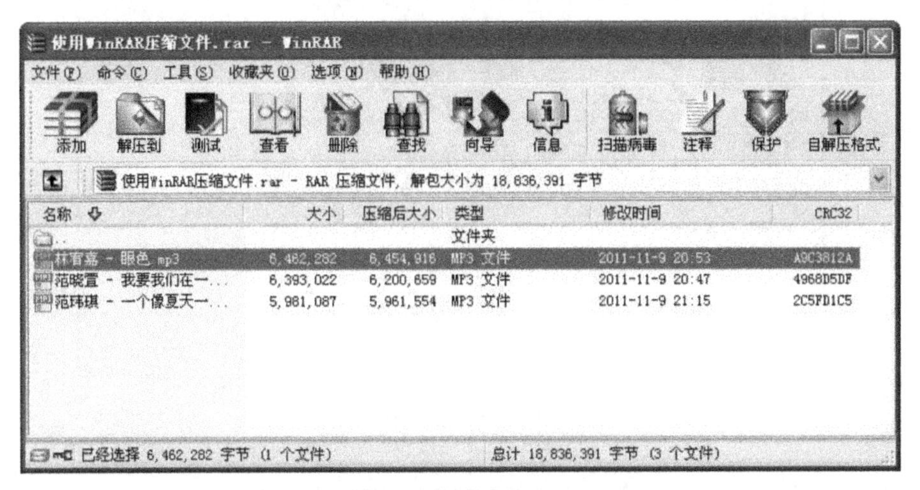

图 9.3　打开压缩文件

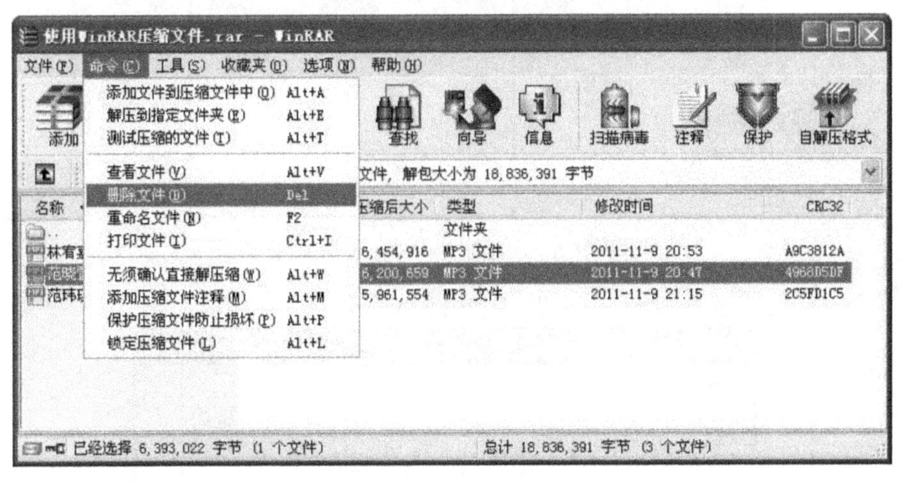

图 9.4　删除选中的压缩文件

等操作。

步骤 4：如需要将其他外部文件添加到该压缩文件中，可直接将文件拖放到 WinRAR 压缩文件上，如图 9.6 左图所示；或拖放到该压缩文件打开的 WinRAR 工作界面中，如图 9.6 右图所示。

3. 使用 WinRAR 对压缩文件进行解压

步骤 1：选中压缩文件后，单击鼠标右键，在弹出的快捷菜单中，选择“解压文件”选项，打开“解压路径和选项”对话框，如图 9.7 所示。

步骤 2：在“解压路径和选项”对话框中，选择文件解压的路径，并根据需要设置各项解压缩参数。设置完毕，单击“确定”按钮，开始对压缩文件进行解压缩。

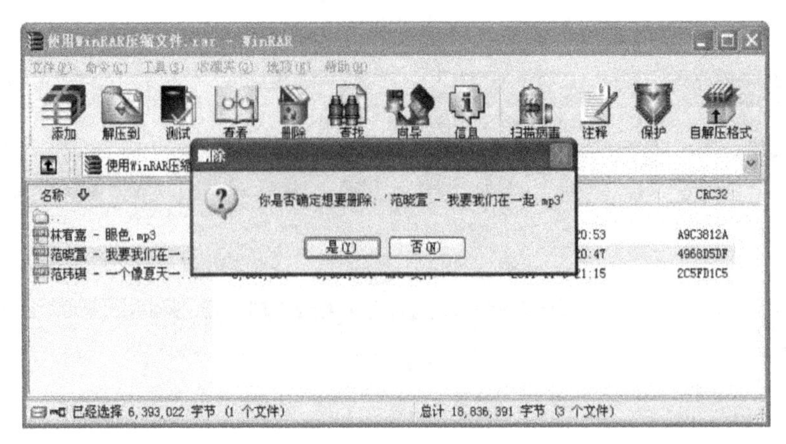

图 9.5　确认删除

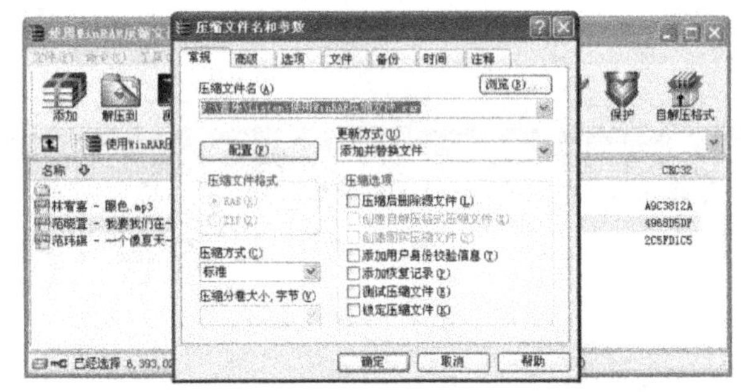

图 9.6　向压缩文件中添加新文件

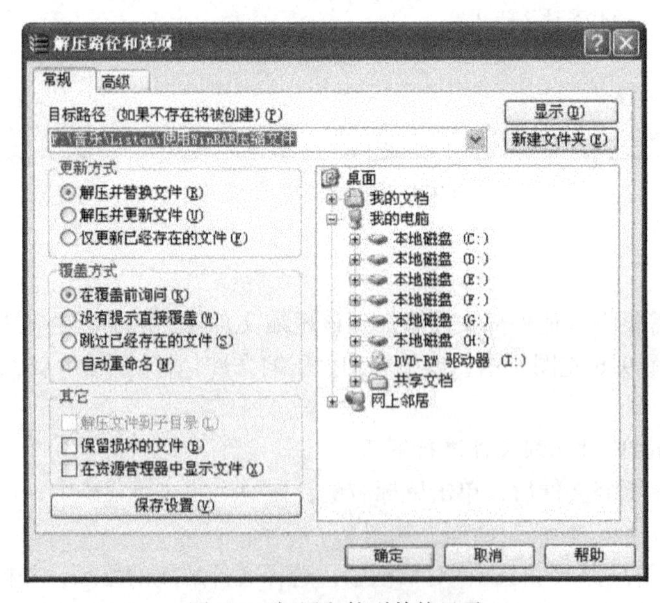

图 9.7　解压文件到其他目录

实训二　文件上传与下载

一、实训目的

(1)理解文件上传与下载的基本概念和作用。
(2)熟悉上传与下载工具的操作方法和一般使用过程。
(3)掌握使用下载工具下载网络资源的操作方法和步骤。
(4)掌握使用FTP客户端工具上传与下载FTP站点资源的方法和步骤。

二、实训任务

(1)使用快车下载工具下载网络文件。
(2)使用CuteFTP连接访问FTP站点，并执行文件上传。

三、实训内容

(1)使用快车下载工具从Internet下载Foxmail邮件客户端软件的安装程序。
(2)使用CuteFTP将下载下来的Foxmail安装程序上传至指定的FTP服务器目录。

四、操作提示

1. 使用快车下载网络文件

步骤1：安装快车下载软件后，打开浏览器，访问Foxmail邮件客户端软件的官方网址http：//www.foxmail.com.cn/，找到Foxmail安装程序的下载链接。

步骤2：找到下载链接后，在下载链接上单击鼠标右键，从弹出的快捷菜单中选择“使用快车下载”选项，打开“新建任务”对话框，如图9.8所示。

步骤3：在“新建任务”对话框中，设置文件名称、分类和存放路径后，点击“立即下载”按钮，开始下载文件。

步骤4：新建的下载任务会出现在左侧任务栏的“正在下载”目录中，在工作界面右侧的任务状态窗口中可查看文件的下载状态，了解下载文件的速度、进度、剩余时间等信息，如图9.9所示。等到下载进度达到100%时，文件下载完毕，该任务会自动转换到下载前所设置的分类目录中。

2. 使用CuteFTP连接站点

步骤1：启动CuteFTP后，单击菜单栏的“文件”|“新建”|“FTP站点”选项或直接按Ctrl+N快捷键，打开“站点属性”窗口，如图9.10所示。

步骤2：在“站点属性”窗口的“一般”选项卡中，填写站点标签、主机地址、用户名和密码等登录信息后点击“确定”，完成站点的建立，如图9.11所示。

步骤3：在“站点管理器”窗口的站点列表中，选择刚刚建立的站点，双击站点名称或单击工具栏上的“连接”按钮，连接这个站点。

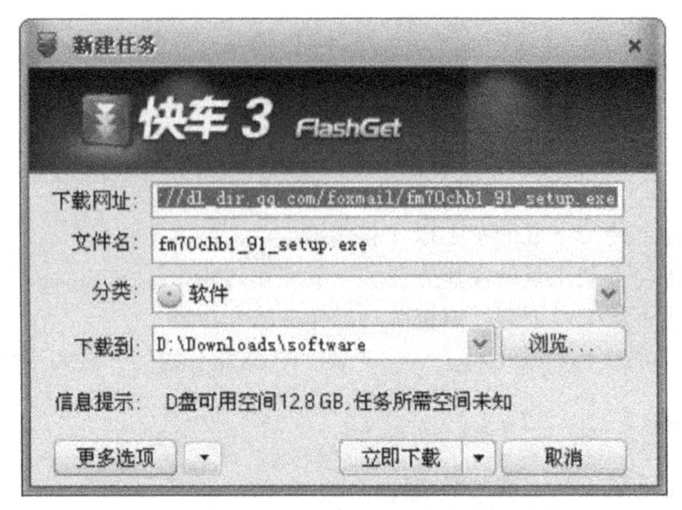

图 9.8　新建下载任务

图 9.9　进行文件下载

步骤 4：连接成功后，如图 9.12 所示，CuteFTP 工作界面的中间区域被分为两个区域。左侧为本地驱动器和站点管理器窗口，右侧为远程服务器窗口，显示远程服务器上的文件、目录列表。

3. 进行文件上传

步骤 1：在成功连接上站点后，在右侧的远程服务器窗口中，查找并打开指定的上传

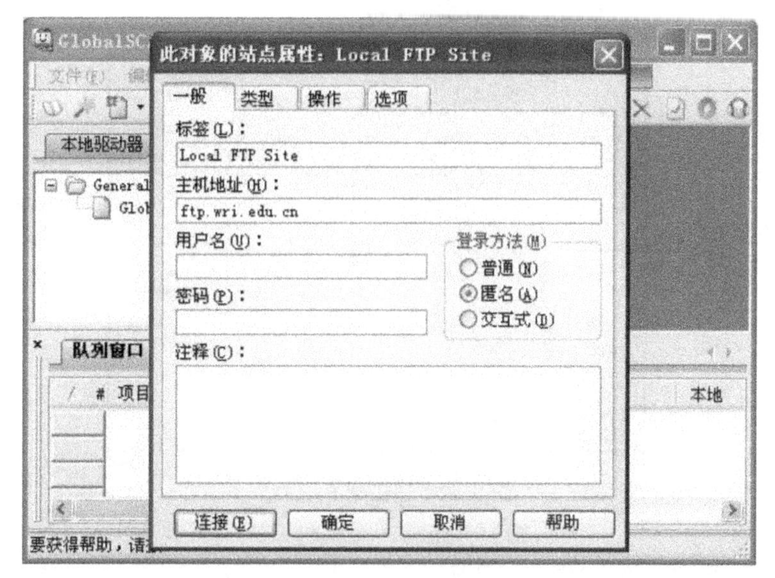

图 9.10　建立新站点

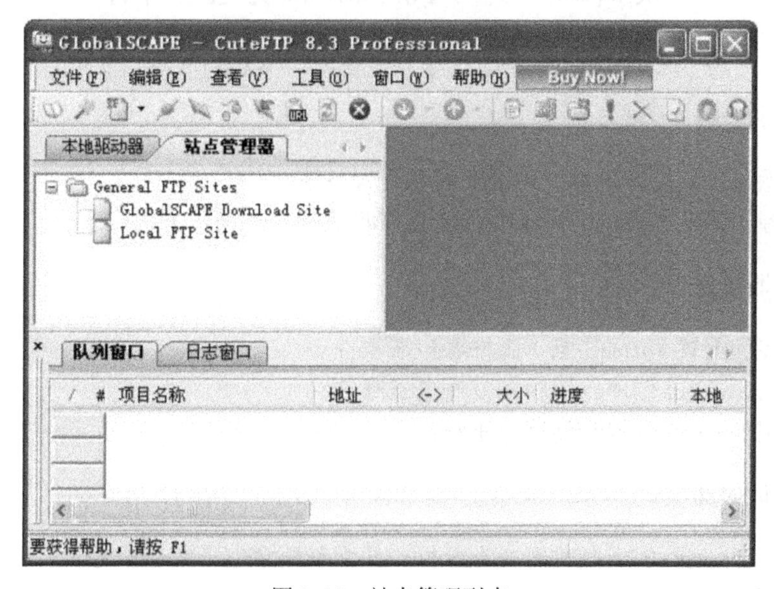

图 9.11　站点管理列表

目录。

步骤 2：在本地驱动器窗口，选中使用快车下载的 Foxmail 安装程序，单击工具栏上的“上传”按钮进行上传，或直接将 Foxmail 安装程序拖放到左侧的远程服务器窗口。

步骤 3：执行上传文件操作后，在“队列窗口”将显示正在进行文件上传的任务队列。

步骤 4：等待文件上传结束后，查看远程服务器窗口中是否存在刚刚上传的文件，并通过对比文件大小，检查文件上传是否成功和完整。

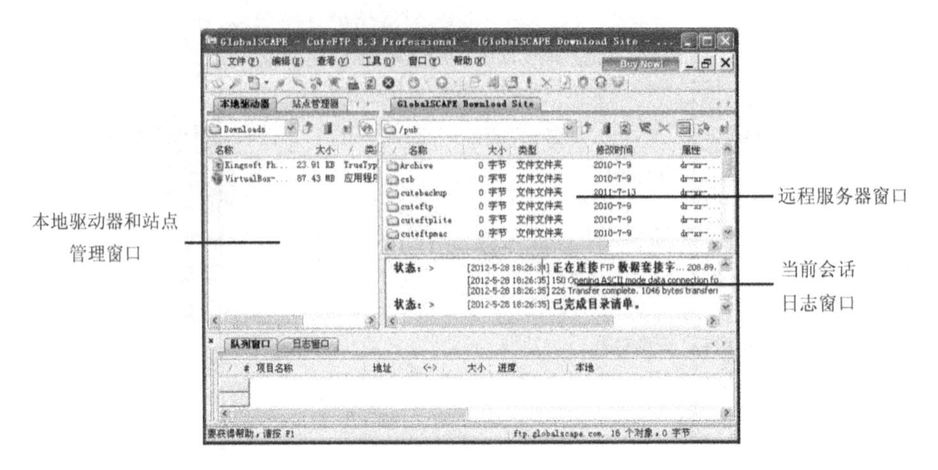

图 9.12　连接到 FTP 站点

实训三　使用 Foxmail 收发电子邮件

一、实训目的

(1)熟悉电子邮件客户端软件的安装和配置方法。
(2)掌握使用电子邮件客户端软件发送与收取邮件的操作方法和步骤。

二、实训任务

(1)安装和配置 Foxmail 电子邮件客户端软件。
(2)使用 Foxmail 创建、编辑和发送电子邮件。
(3)使用 Foxmail 收取和阅读电子邮件。

三、实训内容

(1)安装 Foxmail 电子邮件客户端软件，并配置两个电子邮箱账号。
(2)使用第一个邮箱账号向第二个邮箱账号发送一封带有附件的电子邮件。
(3)使用第二个邮箱账号收取并阅读该电子邮件。

四、操作提示

1. 安装和配置 Foxmail 电子邮件客户端软件

步骤 1：下载 Foxmail 安装程序后，双击安装程序，根据安装向导的提示安装 Foxmail 电子邮件客户端软件。

步骤 2：安装成功后，启动 Foxmail 电子邮件客户端软件。首次启动时，会弹出“新建账号向导”对话框，引导用户进行账号设置。在该对话框的“E-mail 地址”栏中，输入第一个电子邮箱的地址并单击“下一步”按钮，如图 9.13 所示。

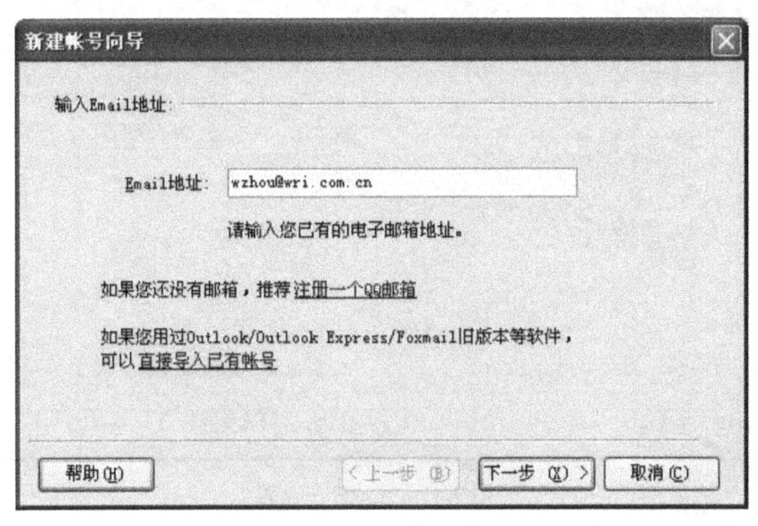

图 9.13　输入 E-mail 地址

☞**提示**：也可在启动程序后，通过菜单栏的“工具”|“账号管理”选项，在打开的“账号管理”窗口中，单击“新建”按钮，进行“新建账户向导”操作。

步骤 3：打开账号设置界面后，在“密码”栏中输入该邮箱的登录密码，并勾选“记住密码”选项，然后单击“下一步”按钮，如图 9.14 所示。

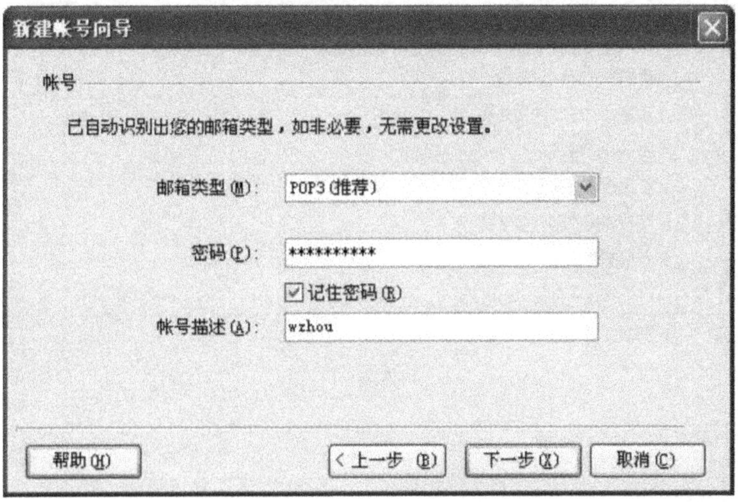

图 9.14　设置邮箱账号

步骤 4：账号设置完毕，进入完成界面，可看到新建账号的详细信息，如图 9.15 所示，此时已完成对第一个邮箱账号的配置操作。

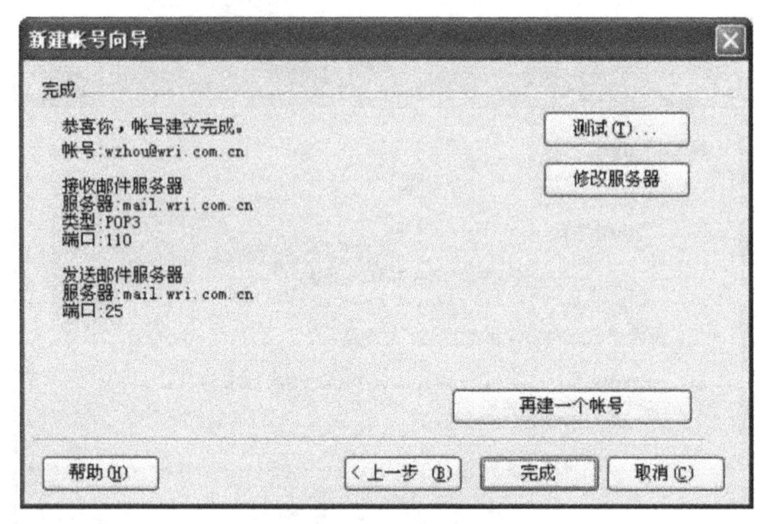

图 9.15　完成账号配置

步骤 5：单击完成界面右侧的测试按钮，在弹出的“测试账号设置”对话框中，如果所有测试都能顺利通过，则说明该邮箱账号配置成功，如图 9.16 所示。

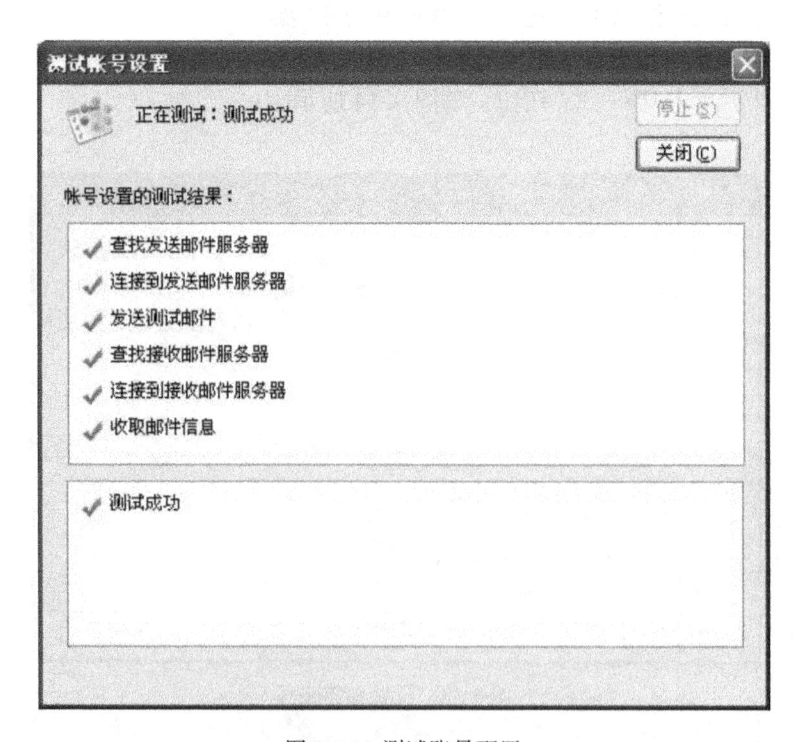

图 9.16　测试账号配置

步骤6：在如图9.15所示的完成界面中，单击“再建一个账号”按钮，在打开的“新建账号向导”中，按照步骤2至步骤5的操作建立第二个邮箱账号。

步骤7：两个电子邮箱账号都建立完成后，点击“完成”按钮，结束Foxmail电子邮箱账号的配置操作。

2. 发送带有附件的新邮件

步骤1：在Foxmail邮件管理窗口中，单击工具栏上“写邮件”按钮，或选择“文件”|“写新邮件”，打开“未命名-写邮件”窗口，进行新邮件的撰写和编辑，如图9.17所示。

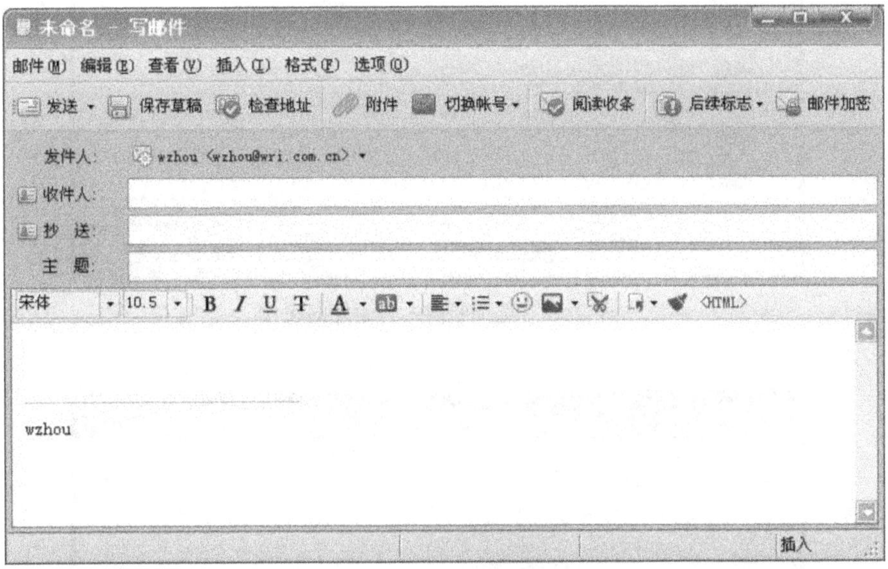

图9.17　撰写新邮件

步骤2：在“收件人”栏输入第二个电子邮箱的地址，在“主题”栏中输入邮件主题，在邮件正文区编辑邮件内容。

步骤3：单击工具栏的“附件”按钮，在弹出的“打开”对话框中找到并选中要插入为附件的文件，单击“打开”按钮，如图9.18所示。

☞**提示**：插入附件后，在“主题”栏下方会出现“附件”栏，并显示插入附件的文件名称和类型图标。如需要删除附件，则选中附件后，按Delete键即可。

步骤4：单击工具栏的“发送”按钮，发送邮件，如图9.19所示。

3. 收取并阅读新邮件

步骤1：在Foxmail邮件管理窗口中，选中第二个电子邮箱账号，单击工具栏上的“收取”按钮，或选择菜单栏的“文件”|“收取当前邮箱的邮件”选项，打开“收取邮件”窗口进行邮件收取，如图9.20所示。

步骤2：收取邮件后，单击“收件箱”中新收取的邮件，邮件内容就会显示在邮件预览栏中。双击邮件标题，将打开邮件阅读窗口显示邮件内容，如图9.21所示。

图 9.18　选择要插入为附件的文件

图 9.19　发送邮件

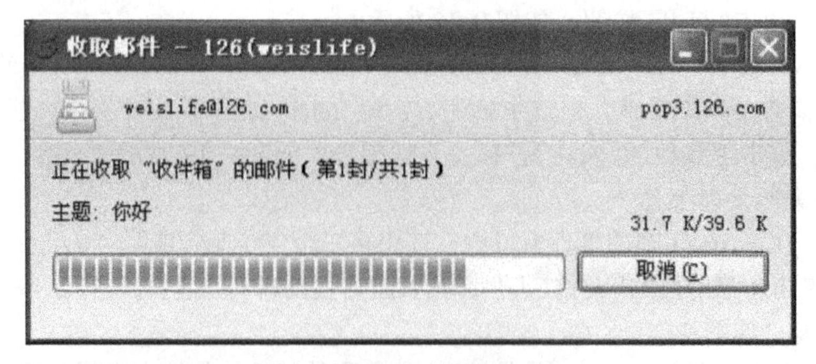

图 9.20　收取邮件

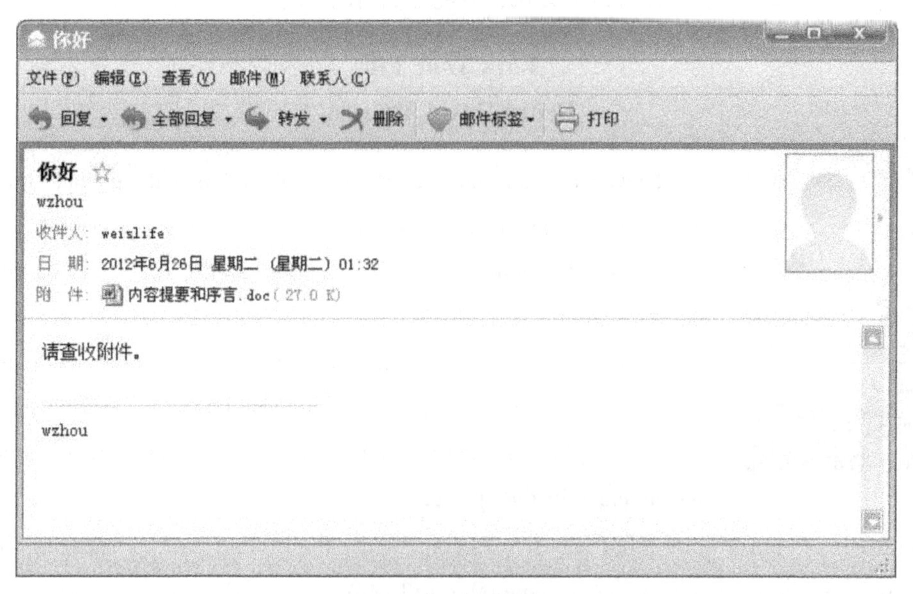

图 9.21　阅读邮件

实训四　电子词典的使用

一、实训目的

(1)熟悉电子词典软件的使用和操作方法。
(2)掌握使用电子词典软件查询中英文单词的操作方法和步骤。
(3)掌握使用电子词典软件翻译英文资料的操作方法和步骤。

二、实训任务

(1)使用金山词霸查询中英文单词。
(2)使用金山词霸翻译英文资料。
(3)使用金山词霸的即划即译、屏幕取词、生词本等功能。

三、实训内容

1. 使用金山词霸查询下表中的英文单词或词组，并将这些单词或词组记录在生词本中。

distinctive	transform	penguin	elegant	chopstick
job-hopping	luxury	disposable	curious	high heels

2. 使用金山词霸翻译下列英文文章，并将翻译结果保存为 Word 文档。

Love Your Life

Henry David Thoreau

However mean your life is, meet it and live it; do not shun it and call it hard names. It is not so bad as you are. It looks poorest when you are richest. The fault-finder will find faults in paradise. Love your life, poor as it is.

You may perhaps have some pleasant, thrilling, glorious hours, even in a poor house. The setting sun is reflected from the windows of the alms house as brightly as from the rich man's abode; the snow melts before its door as early in the spring.

I do not see but a quiet mind may live as contentedly there, and have as cheering thoughts, as in a palace. The town's poor seem to me often to live the most independent lives of any. Maybe they are simply great enough to receive without misgiving.

Most think that they are above being supported by the town; but it often happens that they are not above supporting themselves by dishonest means, which should be more disreputable. Cultivate poverty like a garden herb, like sage.

Do not trouble yourself much to get new things, whether clothes or friends. Turn the old, return to them. Things do not change; we change. Sell your clothes and keep your thoughts.

四、操作提示

1. 使用金山词霸查询中英文单词

步骤 1：启动金山词霸后，单击主界面的“词典”图标按钮，打开“词典”操作界面，如图 9.22 所示。

步骤 2：在“词典”操作界面的输入栏中输入要查询的英文单词，如“luxury”，单击“查一下”按钮或直接按 Enter 键，在操作界面下方的查询结果栏中将会出现该英文单词的详细解释，如图 9.23 所示。

步骤 3：单击查询结果栏中的“生词本”按钮，将该词条加入到生词本中。

除了使用金山词霸的词典功能查询中英文单词外，还可使用取词功能，快速查询中英文单词并添加到生词本中。

步骤 4：单击金山词霸主界面右下角的“取词”按钮，开启屏幕取词功能。

步骤 5：鼠标悬停在要查询的中英文单词上方时，就会自动显示单词的快捷解释，如图 9.24 所示。

步骤 6：单击快捷解释中的“生词本”按钮，将该词条添加到生词本中。

图9.22 词典操作界面

图9.23 查询中英文单词

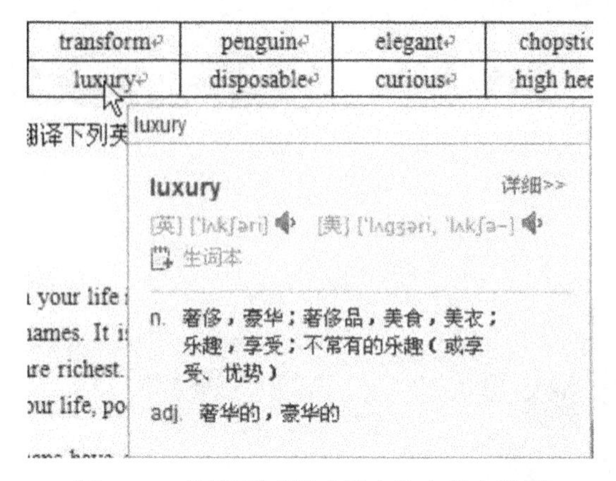

图 9.24 使用“取词”功能查询中英文单词

2. 使用金山词霸翻译英文资料

步骤 1：将要翻译的英文资料划分为多个语句，依次对每个语句进行翻译操作。

步骤 2：单击金山词霸主界面的“翻译”图标，打开“翻译”操作界面，如图 9.25 所示。

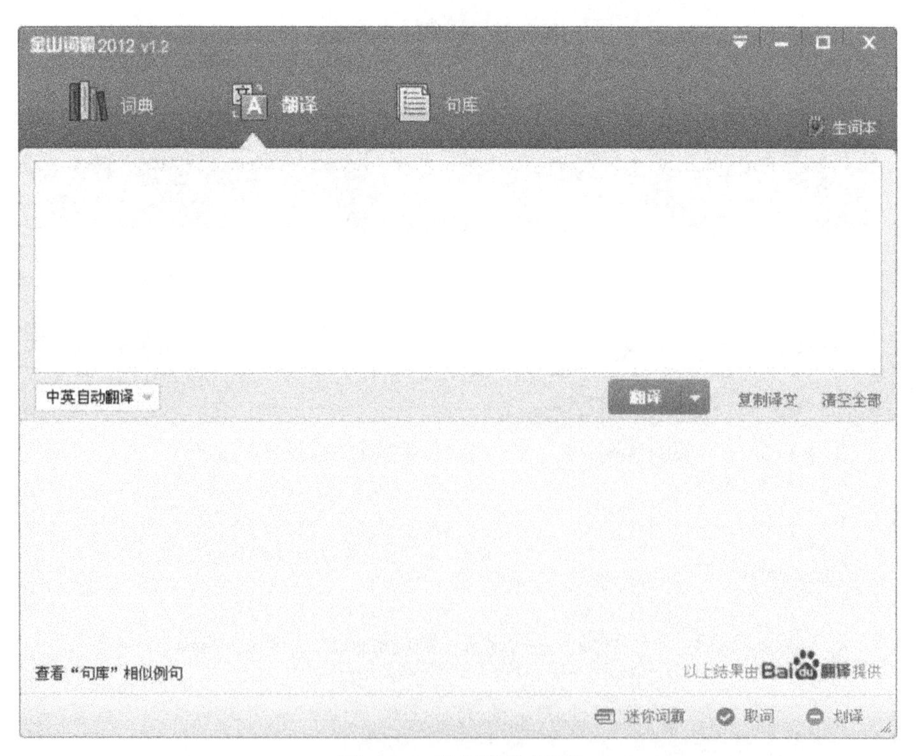

图 9.25 翻译操作界面

步骤 3：在“翻译”操作界面上方的输入栏中输入要翻译的英文语句，单击“翻译”按钮或直接按 Ctrl+Enter 快捷键，下方的翻译结果栏中将显示该语句的翻译结果，如图 9.26 所示。

图 9.26　翻译英文语句

步骤 4：单击“翻译”按钮右侧的“复制译文”按钮，将翻译结果复制到 Word 文档中。继续使用“翻译”功能将剩下的其他语句进行翻译。

☞**提示：**使用机器翻译的内容往往比较生硬、机械，甚至部分语句不通顺。在使用金山词霸进行翻译后，最好通读一遍翻译结果，并对翻译的内容进行简单的修改和调整。

除了使用金山词霸的翻译功能翻译中英文语句外，还可使用划译功能，快速翻译中英文语句。

步骤 5：单击金山词霸主界面右下角的“划译”按钮，开启即划即译功能。

步骤 6：使用鼠标选中一段中英文语句后，金山词霸会自动进行翻译并显示出划译结果，如图 9.27 所示。

步骤 7：在划译窗口中，选择翻译结果，单击右键进行复制，将翻译结果粘贴到 Word 文档中并保存。继续使用“划译”功能将剩下的其他语句进行翻译，并逐一复制保存，直至完成整篇文章的翻译。

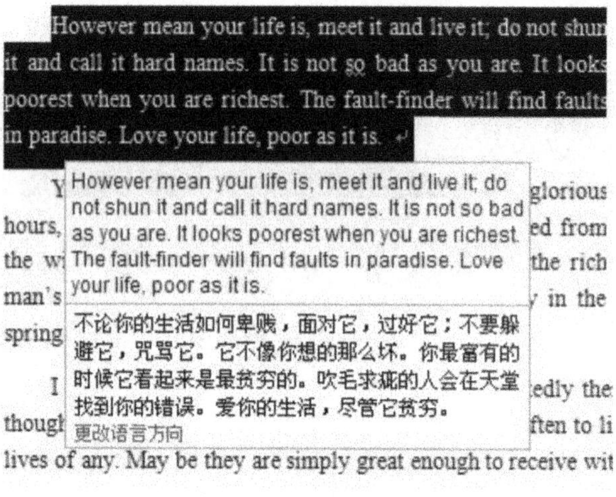

However mean your life is, meet it and live it; do not shun it and call it hard names. It is not so bad as you are. It looks poorest when you are richest. The fault-finder will find faults in paradise. Love your life, poor as it is.

However mean your life is, meet it and live it; do not shun it and call it hard names. It is not so bad as you are. It looks poorest when you are richest. The fault-finder will find faults in paradise. Love your life, poor as it is.

不论你的生活如何卑贱，面对它，过好它；不要躲避它，咒骂它。它不像你想的那么坏。你最富有的时候它看起来是最贫穷的。吹毛求疵的人会在天堂找到你的错误。爱你的生活，尽管它贫穷。

更改语言方向

lives of any. May be they are simply great enough to receive wit

图 9. 27　使用“划译”功能翻译中英文语句

练　习　题

一、单项选择题

1. 下列不属于媒体播放工具的是________。

   A. Winamp　　B. 超级解霸

   C. Realone Player　　D. WinRAR

2. WinRAR 不可以解压下列哪些格式的文件？________。

   A. RAR 和 ZIP　　B. ARJ 和 CAB

   C. ACE 和 GZ　　D. RSB 和 ISO

3. 在以下选项中，网际快车(FlashGet)不具有的功能是________。

   A. 断点续传　　B. 多点连接

   C. 镜像功能　　D. 加快网速

4. 每个缺省的 Foxmail 电子邮件账户都有________。

   A. 收件箱、发件箱、已发送邮件箱和废件箱

   B. 地址簿、发件箱、已发送邮件箱和废件箱

   C. 收件箱、地址簿、已发送邮件箱和废件箱

   D. 收件箱、发件箱、已发送邮件箱和地址簿

5. 下列关于获取一些常用工具软件的途径不合法的是________。

   A. 免费赠送　　B. 盗版光盘

   C. 购买　　D. 共享软件

6. 任何文件的保存都必须提供的三要素是________。

   A. 主文件名、保存位置、文件长度　　B. 主文件名、保存位置、保存类型

   C. 保存时间、主文件名、保存类型　　D. 保存时间、主文件名、保存位置

7. 下列哪种格式是最适合网络播放的视频格式？________。

A. RM　　B. MPEG

C. WAV　　D. MP3

8. 除了 . rar 和 . zip 格式的文件外，WinRAR 还可为其他格式的文件解压缩，并可以创建________。

A. 文本　　B. ISO

C. 自解压可执行文件　　D. doc

9. 暴风影音属于________常用工具。

A. 系统类　　B. 图像类

C. 多媒体类　　D. 网络类

10. 下列________软件具有上传功能。

A. CuteFTP　　B. 网络蚂蚁

C. 网际快车　　D. 迅雷

二、填空题

1. 使用 Foxmail 发送邮件时，用户可以通过单击发送邮件窗口工具栏的________按钮改变发送邮件的账号。

2. 利用 Foxmail 我们可以方便地在网上接收、发送和________电子邮件。

3. FTP 的中文全称是________。

4. 暴风影音因功能强大，常被人们称之为________。

5. 选择计算机“开始”菜单中的“程序”下面的________命令就可以打开 WinRAR 的界面。

三、判断题

1. 压缩文件管理工具 WinRAR 软件只能压缩文件，不能对文件进行解压。（　）

2. 暴风影音不支持多节目连续播放。（　）

3. 网际快车可以上传和下载文件。（　）

4. 360 安全卫士可以查杀目前存在的绝大多数病毒。（　）

5. Adobe Reader 可以解压缩文件。（　）

6. Internet 上所有电子邮件用户的 E-mail 地址都采用同样的格式：用户名@ 主机名。（　）

7. 用户可以向金山词霸词库中添加没有收录的中、英文单词。（　）

8. 金山词霸 2002 支持 Windows XP，但不支持 Office XP 系统。（　）

9. 在使用完镜像文件完后，Daemon Tools 不会自动卸载原有文件，需要用户自行进行卸载。（　）

10. CuteFTP 是一个基于 FTP 协议的客户端软件。（　）

四、简答题

1. 在使用 Adobe Acrobat Reader 的过程中如何将 Pdf 文件转变成 Word 文件？
2. 常用的音频文件格式有哪些？
3. 使用工具软件的注意事项有哪些？
4. 如何使用金山词霸翻译一段中文内容？
5. 如何进行 Foxmail 电子邮件的多账号设置？

练习题参考答案

第 1 章　计算机基础知识

一、单项选择题

1～5　BDCDB　　6～10　BADBA　　11～15　DBCAA　　16～20　ACBBC

21～25　ACCAB　26～30　BDBBC

二、判断题

1～5　√××√×　　6～10　√×√×√　　11～15　×√×××

三、填空题

1. 1024KB，1024B；2. 30，10，20；3. M；4. 地址码；5. 二进制；6. 应用软件；7. 源程序，可执行程序；8. 外设；9. 热启动；10. 1946，ENIAC

四、简答题

略。

第 2 章　Windows XP 操作基础

一、单项选择题

1～5　ADCCD　　6～10　BBACC　　11～15　DDADB　　16～20　BDCBB

二、判断题

1～5　√×√√×　　6～10　√√√×√　　11～15　√√×√√

三、填空题

1. 微机原理与应用；2. 层叠、平铺，活动窗口；3. 搜索；4. BMP；5. \ ；6. 关闭；7. 标题栏；8. 任务栏；9. 帮助和支持；10. 1946，ENIAC

四、简答题

略。

第3章 字处理软件 Word 2003

一、单项选择题

1~5 ABCBC 6~10 DDBBC 11~15 BCAAD 16~20 BDCAA

21~25 ADCDB 26~30 CCDDC 31~35 CBBBB 36~40 ABACC

二、判断题

1~5 √××√√ 6~10 √√√×× 11~15 √×××√

三、填空题

1. 视图；2. 复制；3. 保存或另存为；4. 换行符；5. doc；6. 文件；7. 滚动条；8. Ctrl+V；9. Ctrl+A；10. 字数统计；11. 嵌入式、浮动式；12. 24；13. 工具栏；14. Ctrl+Shift；15. Shift+Space；16. Ctrl+；17. Insert；18. Home；19. End；20. Ctrl

四、操作题

略。

第4章 表格处理软件 Excel 2003

一、单项选择题

1~5 ACADB 6~10 ACADD 11~15 BBCDA 16~20 DBDAA

21~25 DBDCD 26~30 BDABA 31~35 ACABA

二、判断正误题

1~5 ×√√×× 6~10 ×√√×× 11~15 √√√×√

16~20 ×××√√

三、填空题

1. CTRL、S；2. xls；3. 编辑栏；4. 3；5. 另存为；6. 11；7. 右、左；8. $ A$ 5；9. 单引号；10. 3

第5章 演示文稿软件 PowerPoint

一、单项选择题

1~5 CBBCD 6~10 ACCBB 11~15 DABAD 16~20 BCCBA

二、填空题

1. 幻灯片、大纲、备注页；2. 母版、模板；3. 文本框、文本框；4. 提升、降低；5. 剪贴画；6. 背景；7. 动作按钮、超链接

第6章 数据库技术基础

一、选择题

1~5 CDBAB 6~10 CDBDD 11~15 DCBDA 16~20 ABBAC

二、填空题

1. 计算机外存；2. 层次模型、网状模型、关系模型；3. 连接操作；4. 一个或多个属性组合；5. 查询、插入、删除、修改；6. 用户的应用程序；7. 数据定义、查询、操纵和控制；8. 窗体、报表

第7章 计算机网络

一、单项选择题

1~5 BBCAD 6~10 AABDC 11~15 BBADC 16~20 BBACB

21~25 CDCDA 26~30 BBAAB

二、填空题

1. 通信、资源；2. 交换机、路由器；3. 协议；4. 每秒比特数；5. 开放式互连参考模型、物理层、数据链路层、网络层、传输层、会话层、表示层、应用层；6. 32；7. URL；8. TCP/IP；9. IP；10. 教育机构

三、简答题

略。

第8章 计算机安全防护

一、单项选择题

1~5 BBCDC 6~10 CDADD

二、填空题

1. 主引导区；2. 网络安全；3. 混合型 引导型病毒；4. Word(或.doc)；5. internet(或网络)；6. 恶性；7. 软件和硬件设备的组合；8. 洁净度；9. 异常检测；10. 主动攻击

三、判断题

1~5 ×××√√ 6~9 √××√

四、简答题

略。

第9章　常用工具软件

一、单项选择题

1~5DDCDB　　6~10　BACCA

二、填空题

1. 地址簿；2. 管理；3. 文件传输协议；4. 万能播放器；5. WinRAR

三、判断题

1~5　××√√×　　6~10　√√×√√

四、简答题

略。

全国计算机等级考试一级模拟试题

（考试时间90分钟，满分100分）

一、选择题（每题1分，共20分）

下列各题A、B、C、D四个选项中，只有一个选项是正确的。请将正确选项涂写在答题卡相应位置上，答在试卷上不得分。

1. CAI表示________。

A. 计算机辅助设计　　B. 计算机辅助制造

C. 计算机辅助教学　　D. 计算机辅助军事

2. 计算机的应用领域可大致分为6个方面，下列选项中属于这几项的是________。

A. 计算机辅助教学、专家系统、人工智能

B. 工程计算、数据结构、文字处理

C. 实时控制、科学计算、数据处理

D. 数值处理、人工智能、操作系统

3. 二进制数110000转换成十六进制数是________。

A. 77　　B. D7

C. 7　　D. 30

4. 与十进制数4625等值的十六进制数为________。

A. 1211　　B. 1121

C. 1122　　D. 1221

5. 下列4种不同数制表示的数中，数值最小的一个是________。

A. 八进制数247　　B. 十进制数169

C. 十六进制数A6　　D. 二进制数10101000

6. 下列字符中，其ASCII码值最大的是________。

A. NUL　　B. B

C. g　　D. p

7. 存储400个24×24点阵汉字字形所需的存储容量是________。

A. 255KB　　B. 75KB

C. 37. 5KB　　D. 28. 125KB

8. 某汉字的机内码是B0A1H，它的国标码是________。

A. 3121H　　B. 3021H

C. 2131H　　D. 2130H

9. 以下属于高级语言的有________。

A. 机器语言　　B. C 语言

C. 汇编语言　　D. 以上都是

10. 以下关于汇编语言的描述中，错误的是________。

A. 汇编语言诞生于 20 世纪 50 年代初期

B. 汇编语言不再使用难以记忆的二进制代码

C. 汇编语言使用的是助记符号

D. 汇编程序是一种不再依赖于机器的语言

11. 计算机软件系统包括________。

A. 系统软件和应用软件　　B. 编辑软件和应用软件

C. 数据库软件和工具软件　　D. 程序和数据

12. 微型机的 DOS 系统属于哪一类操作系统？________。

A. 单用户操作系统　　B. 分时操作系统

C. 批处理操作系统　　D. 实时操作系统

13. 下列 4 种软件中属于应用软件的是________。

A. BASIC 解释程序　　B. UCDOS 系统

C. 财务管理系统　　D. Pascal 编译程序

14. 内存(主存储器)比外存(辅助存储器)________。

A. 读写速度快　　B. 存储容量大

C. 可靠性高　　D. 价格便宜

15. 硬盘工作时应特别注意避免________。

A. 噪声　　B. 震动

C. 潮湿　　D. 日光

16. 针式打印机术语中，24 针是指________。

A. 24×24 点阵　　B. 队号线插头有 24 针

C. 打印头内有 24×24 根针　　D. 打印头内有 24 根针

17. 下列 4 条叙述中，正确的一条是________。

A. 为了协调 CPU 与 RAM 之间的速度差间距，在 CPU 芯片中又集成了高速缓冲存储器

B. PC 机在使用过程中突然断电，SRAM 中存储的信息不会丢失

C. PC 机在使用过程中突然断电，DRAM 中存储的信息不会丢失

D. 外存储器中的信息可以直接被 CPU 处理

18. 下列 4 项中，不属于计算机病毒特征的是________。

A. 潜伏性　　B. 传染性

C. 激发性　　D. 免疫性

19. 下列关于计算机的叙述中，不正确的一条是________。

A. 高级语言编写的程序称为目标程序

B. 指令的执行是由计算机硬件实现的

C. 国际常用的 ASCII 码是 7 位 ASCII 码

D. 超级计算机又称为巨型机

20. 在 Internet 浏览器上，可以看到有许多主页地址，例如中国教育考试网的主页地址是 http：//www. eduexam. cn，则中国教育考试网的主机名是________。

A. eduexam. cn　　　　B. www. eduexam. cn

C. eduexam　　　　D. http：//www. eduexam. cn

二、基本操作题(每小题 4 分，共 20 分)

1. 将考生文件夹下的 FUN 文件夹下之 FILM 文件夹中的文件 PET. SOP 移动到考生文件夹下 STUDY \ ENGLISH 文件夹中，并更名为 BEAUTY. BAS。

2. 在考生文件夹下 WORK 文件夹中建立一个新文件夹 PLAN。

3. 将考生文件夹下 FUN 文件夹中的文件夹 GAME 设置为只读和隐藏属性。

4. 将考生文件夹下 FUN \ MUSIC 文件夹中的文件 monkey. stp 删除。

5. 将考生文件夹下 STUDY 文件夹中的文件夹 ENGLISH 复制到考生文件夹下 WORK 文件夹中。

三、文字录入题(10 分)

请在“考试项目”菜单上选择“汉字录入”菜单项，启动汉字录入测试程序，按照题目上的内容输入汉字。

文字处理软件 Word 在工作过程中建立与处理的磁盘文件，也称为它的文档。其内容是编辑操作产生的字符、图表以及控制各种编辑格式的内部符号等。Word 在把这些内容存盘时通常要采用它自己特殊的存储格式，这种文档通常只能在 Word 中阅读和使用，其缺省的文件扩展名规定为 . doc。

四、字处理题(20 分)

1. 在考生文件夹中，存有文档 WT1. doc，其内容如下：

“文档开始”

2005 年博士研究生入学考试考前注意事项

各位参加 2005 年博士生入学考试的考生请注意：

(1)2005 年博士研究生入学考试时间为 2005 年 3 月 19 日全天及 20 日上午。每天上午：8：30—11：30；下午：2：00—5：00。

(2)考试地点：北京海淀中关村南一条三号，中国科学院中关村教学大楼内(请大家参考网上公布的中关村教学大楼考场示意图)。

(3)请各位考生于 2005 年 3 月 16 日—18 日到自动化所东楼研究生办公室领取准考证(东楼 218 房间)。先在办公室门口查询自己的准考证号。

(4)本次考试共设 8 个考场，分别为中关村教学大楼中序号为 S302，S304，S306，N401，N406，N408，N306，N301 的 8 间教室。

(5)请各位考生认真备考，考试前到考点查看好考场。

“文档结束”

按要求完成下列操作：

(1)在考生文件夹中新建文档 WD1，插入文档 WT1. doc，将文中所有“博士研究生”替换为“博士生”。

(2)将 WD1. doc 中的标题段(“2005 年博士研究生入学考试考前注意事项”)设置为四号楷体_ GB2312、居中、加粗。字符间距加宽 3 磅，并添加蓝色阴影边框。

(3)将 WD1. doc 中的正文文字设置为小四号宋体；各行间距设为 1. 5 倍行距；正文各段落左右各缩进 0. 5 个字符，首行缩进 1 个字符，以 WD1 文件名保存文档。

2. 在考生文件夹中，存有文档 WT1A. doc，其内容如下：

“文档开始”

学号	班级	姓名	数学	语文	英语
1031	一班	秦越	70	82	80
2021	二班	万成	85	93	77
3074	三班	张龙	78	77	62
1058	四班	王峰	67	60	65

“文档结束”

按要求完成下列操作：在表格最后一列之后插入一列，输入列标题“总分”，计算出各位同学的总分，并按总分递减排序。将表格设置为列宽 2 厘米，行高 20 磅，表格内的文字和数据均水平居中和垂直居中。存储为文档 WD1A. doc。

3. 制作 3 行 4 列表格，列宽 3 厘米，行高 26 磅。再做如下修改：均分第一列第 2、3 行单元格，并存储为文件 WD1B. doc。

<table>
<tr><td colspan="3"></td><td></td><td></td><td></td></tr>
<tr><td rowspan="2"></td><td rowspan="2"></td><td rowspan="2"></td><td></td><td></td><td></td></tr>
<tr><td></td><td></td><td></td></tr>
</table>

五、电子表格题(10 分)

1. 打开考生文件夹中的工作簿文件 EX1. xls(内容如下)，将工作表 Sheet1 的 A1：F1 单元格合并为一个单元格，内容居中；计算“月平均值”列的内容，将工作表命名为“公司销售情况表”。

2. 取“公司销售情况表”的“产品”列和“月平均值”列的单元格内容，建立“柱形棱锥图”，X 轴上的项为“产品”(系列产生在“列”)，标题为“公司销售情况图”，插入到表的 A7：F18 单元格区域内，并另存为工作簿文件 EX1. xls。

六、演示文稿题(10 分)

打开考生文件夹中的演示文稿 yswg1，按下列要求完成对此文稿的修饰并保存。

(1)将第二张幻灯片版面设置为“垂直排列标题与文本”；并将幻灯片的文本部分动画设置为“左下角飞入”。将第一张幻灯片背景填充纹理为“水滴”。

(2)在演示文稿的开始处插入一张“标题幻灯片”，作为文稿的第一张幻灯片，主标题键入“讲述”，设置为加粗、48 磅。将全部幻灯片的切换效果设置成“纵向棋盘式”。

以原文件名保存在考生文件夹下。

七、互联网操作题(10 分)

请在“考试项目”菜单上选择相应的菜单项，完成以下内容：

向王刚发一个 E-mail，邀请他来参加同学聚会，并将考生文件夹下的一个 Word 文档 jhxq. doc 作为附件一起发出，同时抄送给李莉(lili@ 263. net)。具体内容如下：

“收件人”：wanggang@ chinaren. com

“抄送”：lili@ 263. net

“主题”：邀请参加同学聚会

“邮件内容”：今年 9 月 10 日我们老同学聚会，邀请你来母校共同庆祝。

注意：“格式”菜单中的“编码”命令中用“简体中文(GB2312)”项。

全国计算机等级考试一级模拟试题解析

一、选择题

1. C

解析：“计算机辅助教学”英文名为 Computer Assisted Instruction，简称为 CAI。目前流行的计算机辅助教学模式有练习与测试模式和交互教课模式。

2. C

解析：计算机应用的 6 个领域：科学计算、信息处理、过程控制、计算机辅助设计和辅助制造、现代教育和家庭生活。

3. D

解析：二进制整数转换成十六进制整数的方法是：从个位数开始向左按每 4 位二进制数一组划分，不足 4 位的前面补 0，然后各组代之以一位十六进制数字即可。按上述方法：110000B=0011，0000=30H。

4. A

解析：十进制整数转换成十六进制整数的方法是“除十六取余”，即将十进制数除以 16 得一商数和一余数；再将商除以 16；这样不断地用所得的商去除 16，直到商为 0 为止。每次所得的余数即对应的十六进制整数的各位数字(从低到高)。

5. C

解析：按权展开，数值如下：247Q=167；A6H=166；10101000B=168。

6. D

解析：在 ASCII 码中，有 4 组字符：一组是控制字符，如 LF，CR 等，其对应 ASCII 码值最小；第 2 组是数字 0~9，第 3 组是大写字母 A~Z，第 4 组是小写字母 a~z。这 4 组对应的值逐渐变大。字符对应数值的关系是“小写字母比大写字母对应数大，字母中越往后对应的值就越大”。

7. D

解析：400 个 24×24 点阵共需 2400 个点，8 个二进制位组成一个字节，共有 28.125KB。

8. B

解析：汉字机内码=国标码+8080H，注意汉字的机内码、国标码、区位码之间的换算关系不要混淆。

9. B

解析：机器语言和汇编语言都是“低级”的语言，而高级语言是一种用表达各种意义的“词”和“数学公式”按照一定的语法规则编写程序的语言，其中比较具有代表性的语言有 FORTRAN，C，C++等。

10. D

解析：汇编语言虽然在编写、修改和阅读程序等方面有了相当的改进，但仍然与人们的要求有一定的距离，仍然是一种依赖于机器的语言。

11. A

解析：计算机软件系统包括系统软件和应用软件两大类。

12. A

解析：单用户操作系统的主要特征就是计算机系统内一次只能运行一个应用程序，缺点是资源不能充分利用，微型机的 DOS、Windows 操作系统属于这一类。

13. C

解析：软件系统可分成系统软件和应用软件。前者又分为操作系统和语言处理系统，A，B，D 三项应归在此类中。

14. A

解析：一般而言，外存的容量较大宜存放长期信息，而内存是存放临时的信息区域，读写速度快，方便交换。

15. B

解析：硬盘的特点是整体性好、密封好、防尘性能好、可靠性高，对环境要求不高。但是硬盘读取或写入数据时不宜震动，以免损坏磁头。

16. A

解析：针式打印机即点阵打印机，是靠在脉冲电流信号的控制下，打印针击打的针点形成字符的点阵。

17. A

解析：RAM 中的数据一旦断电就会消失；外存中信息要通过内存才能被计算机处理。故 B、C、D 有误。

18. D

解析：计算机病毒不是真正的病毒，而是一种人为制造的计算机程序，不存在什么免疫性。计算机病毒的主要特征是寄生性、破坏性、传染性、潜伏性和隐蔽性。

19. A

解析：高级语言编写的程序是高级语言源程序，目标程序是计算机可直接执行的程序。

20. A

解析：http 表示超文本传输协议，www 是万维网的缩写，eduexam. cn 是中国教育考试网的主机名。

二、基本操作题

1. 根据题意，在考生文件夹下，依次打开 FUN \ FILM 文件夹，然后鼠标右击 PET. SOP 文件，选择“剪切”快捷命令，返回考生文件夹下，并依次打开 STUDY \ ENGLISH 文件夹，然后在文件夹空白处右击鼠标，选择“粘贴”快捷菜单命令，即把 PET. SOP 文件移过来。右击 PET. SOP 文件，选择“重命名”快捷命令，修改文件名为

BEAUTY. BAS。

2. 在考生文件夹下，打开 WORK 文件夹，然后在文件夹空白处右击鼠标，选择“新建”|“文件夹”命令，并把文件夹的名称设置为 PLAN。

3. 在考生文件夹下，打开 FUN 文件夹，鼠标右击 GAME 文件夹，选择“属性”快捷命令，在弹出的对话框中勾选“只读”和“隐藏”属性，最后单击“确定”。

4. 根据题意，在考生文件夹下，依次打开 FUN \ MUSIC 文件夹，鼠标右击 MONKEY. STP 文件，选择“删除”快捷命令，在弹出的“确认文件删除”对话框中选择“是”，删除文件。

5. 在考生文件夹下，打开 STUDY 文件夹，鼠标右击 ENGLISH 文件夹，选择“复制”快捷命令，返回考生文件夹下，并打开 WORK 文件夹，然后在文件夹空白处右击鼠标，选择“粘贴”快捷菜单命令，即把 ENGLISH 文件夹复制过来。

三、文字录入题(略)

四、字处理题

1. 请按下列步骤进行操作：

(1)启动 Word 2003，通过菜单命令“插入”|“文件”，在弹出的对话框中，将考生文件夹下的 WT1. doc 文档插入到新文档中。

选择“编辑”|“替换”菜单命令，在弹出的“查找和替换”对话框中，输入“查找内容”为“博士研究生”，“替换为”的内容为“博士生”，单击“全部替换”按钮，将文档中所有的“博士研究生”替换为“博士生”，单击“保存”按钮，存储为文档 WD1. doc。

(2)选中标题段“2005 年博士研究生入学考试考前注意事项”，在常用工具栏中选择四号楷体_ GB2312、居中、加粗。然后单击菜单“格式”|“字体”命令，在弹出的对话框中选择字符间距，在“间距”后面的“磅值”一栏中输入 3 磅(或点击上下滚动按钮选择 3 磅)。单击菜单“格式”|“边框和底纹”，在弹出的对话框中选择“边框”|“阴影”，然后选择“底纹”|“蓝色”，最后单击“确定”即可。

(3)选择正文，单击常用工具栏中的字体，将字体设置为小四号宋体，然后，单击菜单栏中“格式”|“段落”，在弹出的对话框中的“行间距”选项选择“1. 5 倍行距”，在缩进选项的“左”、“右”选项上都设置为 0. 5 个字符，在“首行缩进选项”选择 1 个字符。存储为文档 WD1. doc。

2. 打开考生文件夹中的 WT1A. doc 文件，选中最后一列，单击菜单栏中的“表格”|“插入”|“列(在右侧)”，即可在最后一列之后插入一列，在列标题中输入“总分”，并计算各位同学的总分，选中最后一列，单击菜单栏中的“表格”|“排序”，在弹出的对话框中的“关键字”一栏中选择“列 7”，在“类型”选项中选择“数字”，选中“降序”，然后单击“确定”。选中整个表格，单击菜单栏中“表格”|“表格属性”，在弹出的对话框中勾选“指定行高”并输入“20 磅”，然后选中“列”，勾选“指定宽度”并输入“2”，在“列宽单位”一栏中选择“厘米”，最后单击“确定”即可。选中表格，鼠标右键单击弹出快捷菜单，在“单元格对齐方式”中选择“水平和垂直居中”。单击“文件”|“另存为”，在保存位置选项中选择“考生文件夹”，在文件名一栏中输入“WD1A. doc”，单击“确定”即可。

3. 启动 Word 2003，单击“表格”|“插入”|“表格”，在弹出的对话框的列和行选项

中分别输入4和3，单击“确定”即生成一个3行4列的表格，选中整个表格，单击菜单栏中“表格”|“表格属性”，在弹出的对话框中勾选“指定行高”并输入“26磅”，然后选中“列”，勾选“指定宽度”并输入“3”，在“列宽单位”一栏中选择“厘米”，最后单击“确定”。选中第一列的第二行和第三行，选择“表格”|“合并单元格”，然后再选择“表格”|“拆分单元格”，在“列数”一栏中选择“3”，在“行数”一栏中选择“1”，单击“确定”即可。

单击“文件”|“另存为”，在保存位置选项中选择“考生文件夹”，在文件名一栏中输入“WD1B. doc”，单击“确定”即可。

五、电子表格题

1. 根据题意，打开考生文件夹中的工作簿文件EX1. xls，选中A1到F1单元格区域，单击常用工具栏中的“合并及居中”按钮。选中B3到F5单元格区域，单击常用工具栏中的“求平均值”按钮，系统自动将每行数据的平均值填充到该行的最后一个单元格中。鼠标右击工作表sheet1名称，选择“重命名”快捷菜单命令，给工作表sheet1改名为“公司销售情况表”。

2. 选定A2到A5单元格区域，按Ctrl键，再选定F2到F5单元格区域，然后单击常用工具栏中的“图表”按钮，打开图表设计向导，在“图表类型”中选择“棱锥图”，在“子图表类型”中选择“柱形棱锥图”，单击“下一步”选择数据区域，由于事先已经选定数据，跳过这一步，单击“下一步”按钮，在“标题”选项卡中，设置图表标题为“公司销售情况图”，单击“完成”按钮。单击“文件”|“另存为”在弹出的对话框的“保存位置”一栏中选择“考生文件夹”，在文件名一栏中输入文件名EX1. xls，单击“确定”即可。

六、演示文稿题

(1)根据题意，打开考生文件夹中的演示文稿yswg1，在幻灯片列表中选中第2张幻灯片，通过菜单命令“格式”|“幻灯片版式”，打开“幻灯片版式”对话框，在列表中选择“垂直排列标题与文本”版式，单击“应用”按钮。选定文本部分，单击菜单命令“幻灯片放映”|“自定义动画”，打开“自定义动画”对话框，在列表中选择“添加效果”|“进入”|“飞入”，在“方向”一栏选项中选择“自左下部”。在幻灯片列表中选中第1张幻灯片，通过菜单命令“格式”|“背景”，打开“背景”对话框，单击对话框中的下拉按钮，选择“填充效果”命令，打开“填充效果”对话框，单击“纹理”选项卡，选中“水滴”纹理图样，单击“确定”按钮，返回“背景”对话框，再单击“应用”按钮，将第一张幻灯片背景填充纹理设置为“水滴”。

(2)通过菜单命令“插入”|“新幻灯片”，即插入了一张新的幻灯片，在幻灯片列表中，将该张幻灯片拖放到第一张幻灯片之前(拖动过程中会出现一条黑线，表示该幻灯片放置的位置)，通过菜单命令“格式”|“幻灯片版式”，打开“幻灯片版式”对话框，在文字版式列表中选择“标题幻灯片”，在“标题”文本框中输入“讲述”，选定标题文字，通过“格式”工具栏，设置标题字体字号为48磅，并单击加粗按钮。通过菜单命令“幻灯片放映”|“幻灯片切换”，打开“幻灯片切换”对话框，选择幻灯片的切换效果为“纵向棋盘式”，单击“全部应用”即可。

七、互联网操作题

启动 Outlook 2003，单击工具栏中的“新邮件”按钮，出现撰写新邮件窗口，窗口上半部为信头，根据题意在“收件人”文本框中输入 wanggang@ chinaren. com，在“抄送”文本框中输入 lili@ 263. net，在“主题”文本框中输入“邀请参加同学聚会”。将光标移至信体部分，键入邮件内容“今年 9 月 10 日我们老同学聚会，邀请你来母校共同庆祝。”选择“格式”|“编码”|“简体中文(GB2312)”菜单命令，单击“发送”按钮即可。

全国计算机等级考试一级试题(真题)

(考试时间90分钟，满分100分)

一、选择题(每小题1分，共20分)

1. 第1台计算机ENLAC在研制过程中采用了哪位科学家的两点改进意见？________。

A. 莫克利　　B. 冯·诺依曼

C. 摩尔　　D. 戈尔斯坦

2. 一个字为6位的无符号二进制数能表示的十进制数值范围是________。

A. 0~64　　B. 1~64

C. 1~63　　D. 0~63

3. 二进制数1111100011转换成十进制数是________。

A. 480　　B. 482

C. 483　　D. 485

4. 十进制数54转换成二进制数是________。

A. 01101110　　B. 0110101

C. 0111110　　D. 0111100

5. 在标准的ASCII码表中，已知英文字母D的ASCII码是01000100，则英文字母A的ASCII码是________。

A. 01000001　　B. 01000010

C. 01000011　　D. 01000000

6. 已知汉字“中”的区位码是5448，则其国标码是________。

A. 7468D　　B. 3630H

C. 6862H　　D. 5650H

7. 一个汉字的16＊16点阵字形码长度的字节数是________。

A. 16　　B. 24

C. 32　　D. 40

8. 根据汉字国标码GB 2312-80规定，将汉字分为常用汉字(一级)和非常用汉字(二级)两级汉字。一级常用汉字的排列是按________。

A. 偏旁部首　　B. 汉语拼音字母

C. 笔画多少　　D. 使用频率多少

9. 下列叙述，正确的是________。

A. 用高级语言编写的程序称为源程序

B. 计算机能直接识别和执行用汇编语言编写的程序

C. 机器语言编写的程序执行效率最低

D. 不同型号的 CPU 具有相同的机器语言

10. 用来控制和指挥协调计算机各部件工作的是________。

A. 运算器　　B. 鼠标器

C. 控制器　　D. 存储器

11. 下列关于软件的叙述，正确的是________。

A. 计算机软件分为系统软件和应用软件两大类

B. Windows 就是广泛使用的应用软件之一

C. 所谓的软件就是程序

D. 软件可以随便复制使用，不用购买

12. 下列叙述中，正确的是________。

A. 字长为 16 位表示这台计算机最大能计算一个 16 位的十进制数

B. 字长为 16 位表示这台计算机的 CPU 一次能处理 16 位二进制数

C. 运算器只能进行算术运算

D. SRAM 的集成度高于 DRAM

13. 把硬盘上的数据传送到计算机内存中去的操作称为________。

A. 读盘　　B. 写盘

C. 输出　　D. 存盘

14. 通常用 GB、KB、MB 表示存储器容量，三者之间最大的是________。

A. GB　　B. KB

C. MB　　D. 三者一样大

15. 下面叙述中错误的是________。

A. 移动硬盘的容量比 U 盘的容量大

B. 移动硬盘和 U 盘均有重量轻、体积小的特点

C. 闪存(Flash Memory)的特点是断电后还能保存存储的数据不丢失

D. 移动硬盘和硬盘都不易携带

16. 显示器的主要技术指标之一是________。

A. 分辨率　　B. 亮度

C. 彩色　　D. 对比度

17. 计算机的系统总线是计算机各部件间传递信息的公共通道，它分为________。

A. 数据总线和控制总线　　B. 地址总线和数据总线

C. 数据总线、控制总线和地址总线　　D. 地址总线和控制总线

18. 多媒体信息不包括________。

A. 音频、视频　　B. 声卡、光盘

C. 影像、动画　　D. 文字、图形

19. 调制解调器的作用是________。

A. 将数字脉冲信号转换成模拟信号　　B. 将模拟信号转换成数字脉冲信号

C. 将数字脉冲信号与模拟信号互相转换　　D. 为了上网与打电话两不误

20. 用综合业务数字网(又称一线通)接入互联网的优点是上网通话两不误，他的英文缩写是________。

A. ADSL　　B. ISDN

C. ISP　　D. TCP

二、基本操作题(10分)

Windows 基本操作题，不限制操作方式

注意：下面出现的所有文件都必须保存在考生文件夹下。

＊＊＊＊＊＊本题型共有5小题＊＊＊＊＊＊

1. 将考生文件夹下的LOKE文件夹的文件AIN. IP复制到考生文件夹下的SEFI文件夹中，并改名为MEE. OBJ。

2. 将考生文件夹下的STER文件夹中的文件JIUR. GIF删除。

3. 将考生文件夹下的SWN移动到考生文件夹下的SERN文件夹中。

4. 在考生文件夹下的VEW文件夹中建立一个新文件夹DCD。

5. 将考生文件夹下的LOLID文件夹中的文件FOLL. PAS设置为隐藏属性。

三、汉字录入题(10分)

按照以下内容输入汉字，并保存在桌面文件夹中，文件命名为“汉字录入.doc”。

尼尔·阿姆斯特朗曾是一名美国国家航空航天局的宇航员、试飞员、海军飞行员，以在执行第1艘载人登月宇宙飞船阿波罗11号任务时成为第1名踏上月球的人而闻名。1969年7月16日阿姆斯特朗成为“阿波罗11号”指挥官，他与年轻的宇航员迈克尔·柯林斯和巴兹·艾德林一起进行了登月月球飞行。

四、Word 操作题(20分)

在考生文件夹中，存有文档Word. doc，其内容如下：

计算机基础课程

一、课程教学基本要求

1. 了解计算机系统的组成和基本结构

2. 了解计算机的安全和使用方法

3. 了解计算机网络的基本概念和基本原理

4. 掌握Windows XP系统的基本操作、系统资源及应用程序的管理和运用

5. 熟练掌握Word、Excel、PowerPoint的使用方法

6. 了解计算机的网络基础知识

7. 具备计算机日常维护的能力

二、课时安排

序号	讲授	上机

1	计算机基础知识	6	
2	Windows XP 操作基础	6	2
3	字处理软件 Word 2003	10	4
4	表格处理软件 Excel 2003	10	4
5	演示文稿软件 PowerPoint 2003	5	2
6	计算机网络基础	5	2
7	计算机的安全和使用	2	

请用 Word 2003 对考生文件夹下 Word. doc 文档中的文字进行编辑、排版和保存，具体要求如下：

(1)将标题段(“计算机基础课程”)文字设置为小二号蓝色阴影黑体、加粗、居中。

(2)将正文 3~9 段(“1. ~7. ”)中的文字设置为五号字体，西文文字设置为五号 Times New Rom 字体，段落首行缩进 2 字符。

(3)将中文第二行(课程教学基本要求)设置为红色黑体小三号，段后间距 0. 5 行。中文第四行设置为宋体小四、加粗并加黄色底纹。

(4)将中文后 8 行文字转换为一个 8 行 4 列的表格。设置表格居中，表格每列列宽为 3. 5 厘米，表格中所有文字中部居中。

(5)将表格标题行单元文字设置为小四号红色空心黑体，设置表格所有框线为 1. 5 厘磅蓝色单实线。

五、Excel 操作题(15 分)

(1)打开考生文件夹中的工作簿文件 Excel. xls，将下列某市学生升学和分配情况数据建成一个数据表(存放在 A1：D6 的区域内)，并求出“分配回市/考取比率”(数字格式为“百分比”型，保留小数点后面两位)，其计算公式是：分配回市/考取比率=分配回市人数/考取人数，其数据表保存在 sheet1 工作表中。

时间	考取人数	分配回市人数	分配回市/考取比率
2003	456	195	
2004	423	211	
2008	550	244	
2006	536	260	
2007	608	330	

(2)选定“时间”和“分配回市/考取比率”两列数据，创建“折线散点图”图表，图表标题为“回市比率图”，设置分类(X)轴为“时间”，数值(Y)轴为“回市比率”，嵌入在工作表的 A8：F18 的区域中。将 sheet1 更名为“回市比率表”。最后按原文件名保存在考生文件夹下。

六、PowerPoint 操作题(15 分)

打开考生文件夹下的演示文稿 yswg. ppt，按照下列要求完成对此文稿的修饰并保存。

(1)第二张幻灯片的版式改为“标题，剪贴画与文本”，剪贴画区域插入剪贴画“医院工作人员”。文本部分设置字体为黑体，字号为16磅，颜色为红色(请用自定义标签的红色255，绿色0，蓝色0)，剪贴画动画设置为“回旋”，移动第二张幻灯片，使之成为第一张幻灯片。

(2)使用“Blends”模板修饰全文，全部幻灯片切换效果为“溶解”。

七、上网题(10分)

(1)中秋节将至，给客户张经理发一封邮件，送上自己的祝福。

新建一封邮件，收件人为：zhangqiang@ sina. com，

主题为：张总，祝你节日快乐，身体健康，工作顺利！

(2)打开HTTP：//NCRE/lJKS/INDEX. HTML页面，点击链接“新话题”，找到“百年北大”网页，将网页以“bd. txt”为名保存在考生文件夹内。

表到A11：F20区域内，用鼠标右键单击图表的表区内，在弹出快捷菜单中选择“图表区格式”命令，在弹出的对话框的“区域”栏中选择“淡黄色”。

全国计算机等级考试一级试题(真题)答案

一、选择题

1. B

解析：众所周知，冯·诺依曼在发明计算机中起了关键性作用，他被西方人誉为“计算机之父”，其两点改进意见：一是采用二进制运算；二是将指令行和数据存储，由程序控制计算机自动运行。

2. D

解析：无符号数，即自然数。6位无符号的二进制数的范围是000000~111111，转换成十进制就是0~63.

3. C

解析：二进制数转换成十进制数的方法是将二进制数按权展开：$(111100011)_2=1\times2^8+1\times2^7+1\times2^6+1\times2^5+0\times2^4++0\times2^3+0\times2^2+1\times2^1+1\times2^0=483$

4. A

解析：十进制整数转二进制的方法是除2取余法。“除2取余法”：将十进制数除以2得一商数和一余数再用商除以2……依此类推。最后将所有余数从后往前排列。

5. A

解析：字母A比字母D小3，所以B的码值是01000100-1-1-1=1000001。

6. D

解析：区位码转国标码需要两个步骤：①分别将区号、位号转换成十六进制数。②分别将区号、位号各+20H(区位码+20H=国标码)。本题中区号54转换成十六进制数为36，位号48转换成十六进制数为30。分别+20H，即得5650H。

7. C

解析：定8位为一个字节，记作B，16×16/8=32。

8. B

解析：按照使用的频率分为：一级常用汉字3755个，按汉语拼音字母顺序排列；二级次常用汉字3008个，按部首排列。

9. A

解析：用高级语言编写的程序称为源程序，计算机能直接识别、执行机器语言。机器语言编写的程序执行效率高。

10. C

解析：控制器记录操作中各部件的状态，使计算机能有条不紊地自动完成程序规定的任务。

11. A

解析：软件系统可分为系统软件和应用软件两大类。

12. B

解析：字长是指计算机运算部件一次能同时处理的二进制数据的位数。字长越长，作为存储数据，则计算机的运算精度就越高；作为存储指令，则计算机的处理能力就越强。

13. A

解析：把存储在硬盘上的程序传送到指定的内存的区域中称为读盘。

14. A

解析：存储器存储信息的最小单位是位(bit)。它是二进制数的基本单位。8位二进制数称为一个字节(Byte)，简写成“B”。存储容量的大小通常以字节为基本单位来计算。常用的单位包括：KB、MB、GB，它们的关系是：1KB = 1024B；1MB = 1024KB；1GB=1024MB。

15. D

解析：通常情况下硬盘安装在计算机的主机箱中，但现在已出现一种移动硬盘，这种移动硬盘通过USB接口和计算机连接，方便用户携带大容量的数据。

16. A

解析：衡量显示器的好坏主要有两个重要指标：一个是分辨率：另一个是像素点距。

17. C

解析：按照功能划分，大体上可以分为地址总线和数据总线。

18. B

解析：多媒体就是信息表示和传输的载体。音频、视频、文字、图形、动画、影像均属多媒体信息。声卡是一个处理音频信息的硬件设备。

19. C

解析：调制解调器(Modem)实际上具有两个功能：调制和解调。调制就是将计算机的数字信号转换为模拟信号在电话线上进行传输；解调就是将模拟信号转换成数字信号。由于上网时，调制和解调两个工作必不可少，故生产厂商将两个功能合做在一台设备中，即调制解调器。

20. B

解析：综合数字信息网(Integruted Services Digital Network)的英文缩写是ISDN。

二、基本操作题

1. 考点：复制文件(文件夹)和文件(文件夹)命名

①打开考生文件夹下LOKE文件夹，选定文件AIN. IP；②选择“编辑→复制”命令，或按快捷键Ctrl+C；③打开考生文件夹下SEFI文件夹；④选择“编辑→粘贴”命令，或按快捷键Ctrl+V；⑤选定复制来的AIN. IP；⑥按F2键，此时文件(文件夹)的名字处呈现蓝色可编辑状态：⑦插入鼠标光标，编辑名称为MEE. OBJ。

2. 考点：删除文件(文件夹)

①打开考生文件夹下STER文件夹，选定要删除的文件flUR. GIF：②按Delete键，弹出确认对话框；③单击“确定”按钮，将文件(文件夹)删除到回收站。

3. 考点：移动文件(文件夹)

①在考生文件夹下选定 SWN 文件夹；②选择“编辑→剪切”命令，或按快捷键 Ctrl+X；③打开考生文件夹下 SERN 文件夹；④选择“编辑→粘贴”命令，或按快捷键 Ctrl+V。

4. 考点：创建文件夹

①打开考生文件夹下 VEW 文件夹；②选择“文件→新建→文件夹”命令，或单击鼠标右键，弹出快捷菜单，选择“新建文件夹”命令，即可生成新的文件夹；③选定新文件夹；④按 F2 键，此时文件(文件夹)的名字处呈现蓝色可编辑状态；⑤插入鼠标光标，编辑名称为 DCD。

5. 考点：设置文件(文件夹)的属性

①打开考生文件夹下 LOLID 文件夹，选定 FOOLPAS；②选择“文件→属性”命令，或单击鼠标右键弹出快捷键菜单，选择“属性”命令，即可打开“属性”对话框；③在“属性”对话框中勾选“隐藏”属性，单击“确定”按钮。

三、汉字录入题(略)

四、Word 操作题

将考生文件夹中的 Word. doc 打开。

(1)设置文本

在制作本例时，首先设置文档中的标题文本，然后再对文本进行编辑，其具体操作如下：

步骤 1　选择标题文本，选择“格式→字体”命令，在弹出的“字体”对话框的“中文字体”中选择“黑体”，在“字形”中选择“加粗”，在“字号”中选择“小二”，在“字体颜色”中选择“蓝色”，在“效果”中勾选“阴影”。

步骤 2　保持文本的选中状态，单击工具栏上的设置字体居中对齐。选择正文的第 3~8段，选择“格式→字体”命令，在弹出的“字体”对话框的“中文字体”中选择“宋体”，在“西文字体”中选择“Times New Ronam”，在“字号”中选择“五号”。

步骤 3　选择文档中的正文部分，选择“格式→段落”命令，在“特殊格式”中选择“首行缩进”，在“度量值”中输入“2 字符”。

步骤 4　选择文档中的第 2 行，单击工具栏上的设置字体为“黑体”、字号为“小一”，“颜色”为“红色”。

步骤 5　保持文本的选中状态，选择“格式→段落”命令，在弹出的“段落”对话框的“段后”中输入“0. 5 行”。

步骤 6　选择文档中的第 3 行，单击工具栏上的字体为“宋体”，字号为“小四”，加粗显示。

步骤 7　选择“格式→边框和底纹”命令，在“边框和底纹”对话框“底纹”的“填充”中选择“黄色”，单击“确定”按钮完成设置。

(2)设置表格

在制作本例时，首先将文本转换为表格，然后再对表格进行设置。具体操作如下：

步骤 1　将文本中的后 11 行选中，选择“表格→转换→文字转换成表格”命令，在弹出的“将文本转换成表格”对话框中设置“文字分隔位置”为“制表符”，单击“确定”按钮完成文本向表格的转换。

步骤2　选择“表格→表格属性”命令，在弹出的“表格属性”对话框的“对齐方式”中选择“居中”，设置表格居中对齐；选择表格的第1列，单击鼠标右键，在弹出的快捷菜单中选择“表格属性”命令，在弹出的表格属性对话框“列”中勾选“指定宽度”，在其后的文本框中输入“3.5厘米”。

步骤3　将鼠标光标移动到表格中，使用拖动鼠标的方法将所有的单元格选中，单击工具栏上的“设置表格中文本居中对齐”按钮。

步骤4　选择表格第1行中的所有文本，选择“格式→字体”命令，在弹出的“字体”对话框的“中文字体”中选择“黑体”，在“字号”中选择“小四”，在“字体颜色”中选择“红色”，在“效果”中勾选“空心”。

步骤5　选中整个表格，单击鼠标右键，在弹出的快捷菜单中选择“边框和底纹”命令，在弹出的“边框和底纹”对话框的“线型”中选择“单实线”，在“宽度”中选择“1.5磅”，在“颜色”中选择“蓝色”。

五、Excel 操作题

将考生文件夹中的工作簿“Excel.xls”打开，在工作表中输入相应的数据。选择D2单元格，输入“=C2/B2”按“Enter”键即可计算出输入单元格的平均值。

步骤2　将鼠标光标移动到D2单元格的右下角，按住鼠标左键不放将其拖动到E6单元格的位置，释放鼠标即可得到其他行的回市比率。

步骤3　选择“格式→单元格”命令，在弹出的“单元格格式”对话框的“分类”中选择“XY散点图”，在“字图标类型”中选择“折线散点图”。

步骤4　单击“下一步”按钮，在弹出的对话框的“系列产生”中选中“类”单选按钮，单击“下一步”按钮，在弹出的“标题”对话框“图标标题”中输入文本“回市比率图”，在“数值(X)轴”中输入文本“时间”，在“数值(Y)轴”中输入文本“回市比率”。

步骤5　单击“完成”按钮，图标将插入到表格中，拖动图标到A8：F18区域内，注意，不要超过这个区域。

六、PowerPoint 操作题

在编辑本例的过程中，首先打开演示文稿，修改幻灯片的版式，并依次对幻灯片进行编辑。其具体操作如下：

步骤1　在“考试系统”中选择“答题→演示文稿→yswg.ppt”命令，将演示文稿“yswg.ppt”打开。选择第二张幻灯片，用鼠标单击幻灯片中的空白区域，在弹出的快捷菜单中选择“幻灯片版式”命令，在弹出的“幻灯片版式”对话框的“自定义幻灯片版式为”中选择“剪贴画与文本”，并单击“应用”按钮。

步骤2　用鼠标双击幻灯片的剪贴画区域，在弹出的“Microsoft剪辑图库”对话框的“图片”列表中单击“工作人员”，在弹出的图片中选择“逍遥”，并选择“插入编辑”命令。

步骤3　选择幻灯片中的文本部分的文本，选择“格式→字体”命令，在弹出的“字体”对话框“中文字体”中选择“黑体”，在“字号”中输入“16”。

步骤4　在“颜色”中选择“其他颜色”命令，在弹出的“颜色”对话框“自定义”的“红色”中输入“250”，在“绿色”中输入“0”，在“蓝色”中输入“0”。

步骤5　使第二张幻灯片成为当前幻灯片，选择“幻灯片放映→自定义动画”，在弹出的“自定义动画”对话框“效果”的“检查动画幻灯片对象”中选择“对象3”，在“动画和声音”中选择“回旋”。

步骤6　选择第二张幻灯片的缩位图，按住鼠标左键不放将其移动到第一张幻灯片的前面，在选择“格式→应用设计模板”命令，在弹出的“应用设计模板”对话框中选择“Blends”。

步骤7　选择“幻灯片放映→幻灯片切换”命令，在弹出的“幻灯片切换”对话框的“效果”中选择“溶解”，并单击“全部应用”按钮。

七、上网操作题

(1)邮件题

①启动“Outlook Express 6.0”。

②在Outlook Express 6.0工具栏上单击“创建邮件”按钮，弹出“新邮件”对话框。

③在“收件人”中输入“zhangqiang@sina.com”，在“主题”中输入“中秋节快乐!”，在窗口中央空白的编辑区域输入邮件的主题内容。

④单击发送按钮，完成邮件发送。

(2)IE题

①将IE浏览器打开。

②在IE浏览器的地址栏中输入网址“HTTP://NCRE/lJKS/INDEX.HTML”，按Enter键打开页面，从中单击“新话题”页面，再选择“百年北大”，单击打开此页面。

③单击“文件→另存为”命令，弹出“保存网页”对话框，在“保存在”中定位到考生文件夹，在“文件名”输入栏输入“bd.txt”，在“保存类型”栏选择“文本文件(*.txt)”，单击“保存”按钮完成操作。